RAL · NEU 研究报告 No. 0016

轴承钢超快速冷却技术研究与开发

轧制技术及连轧自动化国家重点实验室
（东北大学）

北 京
冶 金 工 业 出 版 社
2015

内 容 简 介

本研究报告介绍了东北大学轧制技术及连轧自动化国家重点实验室近几年来在轴承钢网状碳化物方面的研究工作及在生产实际中应用的研究进展。报告分为三个部分，其中第1章介绍了国内外轴承钢的生产现状及发展趋势；第2~5章介绍了在实验室进行的轴承钢实验研究和理论分析，包括轴承钢连续冷却过程中的相变研究、高温变形后控冷工艺模拟、高温终轧后新型冷却工艺实验及轴承钢棒材超快速冷却过程温度场模拟；第6章和第7章介绍了轴承钢超快速冷却系统温度模型与自动化系统的实现及其超快速冷却工业化生产。报告中的大部分研究成果已经在工业化生产中得到成功应用，并取得了明显的效果。

本书对冶金企业、科研院所从事特殊钢生产，尤其是轴承钢网状碳化物控制的工艺开发和设备研制的人员具有重要的参考价值。

图书在版编目(CIP)数据

轴承钢超快速冷却技术研究与开发/轧制技术及连轧自动化国家重点实验室(东北大学)著.—北京：冶金工业出版社，2015.10
(RAL·NEU研究报告)
ISBN 978-7-5024-7066-1

Ⅰ.①轴…　Ⅱ.①轧…　Ⅲ.①轴承钢—冷却—研究
Ⅳ.①TG142.41

中国版本图书馆CIP数据核字(2015)第233278号

出 版 人　谭学余
地　　址　北京市东城区嵩祝院北巷39号　邮编　100009　电话　(010)64027926
网　　址　www.cnmip.com.cn　电子信箱　yjcbs@cnmip.com.cn
策　　划　任静波　责任编辑　卢　敏　李　臻　美术编辑　彭子赫
版式设计　孙跃红　责任校对　卿文春　责任印制　牛晓波
ISBN 978-7-5024-7066-1
冶金工业出版社出版发行；各地新华书店经销；三河市双峰印刷装订有限公司印刷
2015年10月第1版，2015年10月第1次印刷
169mm×239mm；10.5印张；162千字；152页
59.00元
冶金工业出版社　投稿电话　(010)64027932　投稿信箱　tougao@cnmip.com.cn
冶金工业出版社营销中心　电话　(010)64044283　传真　(010)64027893
冶金书店　地址　北京市东四西大街46号(100010)　电话　(010)65289081(兼传真)
冶金工业出版社天猫旗舰店　yjgycbs.tmall.com
(本书如有印装质量问题，本社营销中心负责退换)

研究项目概述

1. 研究项目背景与立题依据

我国的钢产量已经连续多年居世界第一位，成为世界上最大的钢铁生产国。尽管我国已成为世界第一产钢大国，但还不能称为钢铁强国。钢铁强国的标准应该是具有世界上先进的生产能力和技术水平，拥有生产大批量高性能、高技术含量和高附加值产品的能力，在满足国内市场的同时，在国际市场上也占有重要位置。虽然近年来我国的轧制设备得到了飞速发展，但目前生产的高精尖的钢铁产品较少，一些高档次、高附加值、高技术含量的钢材品种大多不能生产，或质量与国外相比还有较大的差距，大量高档钢材仍需进口。因此，要成为钢铁强国，国内的钢铁企业就必须把发展的重点放在优化产品结构、提高质量，开发高技术含量、高附加值的钢铁产品上。

轴承作为重要的基础机械零件，在各行业中的应用十分广泛，其质量直接决定着所装备的机械设备的可靠性、精度、性能以及使用寿命。随着科学技术的发展，轴承的工作环境也越来越恶劣，对轴承的要求也越来越高。因此轴承及轴承钢的生产和发展水平是一个国家机械工业化水平高低的重要标志之一。由于轴承的工作特点是承受强冲击载荷和交变载荷，因此要求轴承钢应具备高硬度、高弹性极限、高接触疲劳强度、良好的韧性、一定的淬透性及在润滑剂中的耐腐蚀性能。为此对轴承钢的化学成分、非金属夹杂物含量和类型、碳化物粒度和分布、脱碳程度等指标的要求都非常严格。

我国已成为世界上的轴承钢生产大国。近几年来国内外对轴承材料和性能的研究取得了一系列的科研成果，使得轴承材料具有更高的纯净度、可靠性和疲劳寿命，而这是冶金工艺的现代化、炉外精炼技术的普遍采用以及应用控轧控冷技术的结果。工业比较发达的瑞典是当今世界上轴承钢生产技术水平较高的国家之一，掌握着轴承钢生产的前沿技术，其制定的国际标准已经成为生产高质量轴承钢领域普遍使用的标准。

轴承钢中的碳化物是脆性相，常常是裂纹的发源地。碳化物越小、越均匀分布，将大大提高轴承寿命，这已成为国内轴承行业的共识。如何控制轴承钢网状碳化物及其分布已经成为我国轴承钢研究的热点课题之一。

轴承钢网状碳化物的形成和析出主要在热轧阶段产生，目前普遍采用控制轧制与控制冷却的方法来控制网状碳化物。控轧控冷是将轧件产生塑性变形的热加工成型过程与控制改善钢材组织状态、提高钢材性能的物理冶金过程有机结合起来，采用控轧控冷工艺，通过控制轧制温度、轧制速度、变形量、轧后冷却温度和冷却速度，对钢材进行形变强化和相变强化，既能提高钢材强度，又能改善钢材的韧性。

大量的研究表明，轴承钢网状碳化物析出强烈的温度区间在700～850℃，在生产过程中应当尽量避免轴承钢在该温度区间长时间停留，使得较少网状碳化物析出。钢材的终轧温度对碳化物网状组织有十分明显的影响，随着终轧温度的降低，轴承钢的晶粒更加细化，使得沿晶界析出的一定数量的碳化物分布在较大的晶界面上，这些碳化物网络在球化退火过程中容易溶断，从而得到较低的网状级别。这种控制轧制方法虽然可以降低网状碳化物的级别，但不能完全消除，同时由于轧制温度较低，轧制力明显增加，导卫磨损严重，故障率提高，对轧机能力和电机功率提出了更高的要求。

现在的轴承钢生产线基本都采用全连轧工艺，轧制速度快、产量高，温度控制更加精确，若在成品轧机后对轴承钢进行超快速冷却，则可以缩短轧件在碳化物析出强烈区域的停留时间，减少甚至完全避免碳化物的析出，达到降低网状碳化物级别的目的。

东北大学轧制技术及连轧自动化国家重点实验室对GCr15轴承钢的变形行为和组织转变过程进行了大量的实验研究，同时对棒材超快速冷却工艺开发、设备研制及相关的自动化控制系统积累了一定的经验，为轴承钢超快速冷却技术的工业化应用奠定了基础。

2. 研究进展与成果

轴承钢采用轧后超快速冷却技术可以有效地控制网状碳化物的形成。本课题组在王国栋院士的指导下，对轴承钢超快速冷却条件下的转变机制、不同工艺参数对网状碳化物的影响等在东北大学 RAL 国家重点实验室开展了大量的实验研究，同时结合生产工艺条件，先后与宝山钢铁股份有限公司特殊钢分公司、江阴兴澄特殊钢有限公司及石家庄钢铁有限责任公司等企业合作，针对生产现场的特殊条件开发出轴承钢棒材超快速冷却的关键设备，将轴承钢的基础理论研究工作成果应用到实际生产中，并取得了明显的经济效益和社会效益。这一研究对于提高我国轴承钢棒材质量、促进我国经济和社会发展具有着重要指导意义。

本项研究工作取得的研究进展和成果主要有以下几个方面：

（1）对 GCr15 轴承钢的冷却过程进行热模拟实验。研究了连续冷却过程中二次碳化物的析出和珠光体随变形量与冷却速度的变化规律，研究结果表明：

1）GCr15 轴承钢在连续冷却过程中二次碳化物的析出和珠光体的转变，随着变形量增加，二次碳化物和珠光体的开始析出温度升高，珠光体球团直径减小，但变形量变化对二次碳化物厚度影响较小；而低温条件下的变形促进晶界处二次碳化物的碎断，珠光体球团直径和片层间距减小。

2）GCr15 轴承钢在连续冷却过程中，晶界处二次碳化物为$(Fe,Cr)_3C$型碳化物，抑制网状二次碳化物析出的临界冷却速度为 8℃/s；完全发生珠光体转变的临界冷却速度为 5℃/s，在 756～510℃ 温度范围内保温 20～200s 就可以完全发生珠光体转变；随着连续冷却速度增加，二次碳化物和珠光体开始析出温度降低，晶界处二次碳化物由紧密的网状分布转变为半网状、短条状最后弥散析出，二次碳化物厚度减小，晶界处二次碳化物中 C、Cr 含量减小，珠光体球团直径和片层间距减小，显微硬度值增大，并有退化珠光体生成。

3）轴承钢高温变形后以一定冷却速度快速冷却到不同温度的等温过程中，随快速冷却阶段冷却速度的增加和等温温度的降低，二次碳化物沿晶界析出减弱，珠光体球团直径减小，珠光体片层结构变细变短，并有退化珠光体生成。以一定冷却速度快速冷却到不同温度进行缓慢冷却过程中，随着缓慢冷却速度的增加，珠光体球团直径减小，晶界处二次碳化物析出减少，缓慢冷却速度过大，将有淬火马氏体生成，晶界处无网状二次碳化物析出，珠光体组织大部分为铁素体和渗碳体层叠生长的片层状结构，有少量退化珠光体生成。

（2）在实验室条件下对高温终轧后的 GCr15 轴承钢进行快速冷却工艺实验，分析不同冷却工艺对轴承钢组织性能的影响。研究结果表明，轴承钢热轧后经过表面冷却速度大于 100℃/s 的超快速冷却，整个断面均为细小珠光体组织，抑制了网状二次碳化物析出；由于其心部冷却能力相对表面减弱，因此心部珠光体片层间距较表层有一定程度增大；随着终冷温度的降低，珠光体球团直径和片层间距减小，网状碳化物级别降低，其球化退火后的冲击韧性值和硬度增大。

（3）采用 ANSYS 软件对不同规格轴承钢棒材高温保温后超快速冷却过程的温度场进行模拟，根据超快速冷却后棒材表面温度不低于马氏体转变温度而返红后最高温度不超过 700℃ 的原则，运用一段式或多段式超快速冷却，解决了大断面棒材内部不易冷却的难题，棒材断面不同位置的冷却速度均可以达到抑制网状碳化物析出、残余奥氏体完全发生珠光体转变的要求，为生产工艺设计和参数的制定提供了指导。

（4）分别将轴承钢超快速冷却技术成功应用于宝山钢铁股份有限公司特殊钢分公司、江阴兴澄特殊钢有限公司及石家庄钢铁有限责任公司等企业。在不改变原有热连轧生产工艺的基础上，在连轧机组后安装三组超快速冷却系统，通过调节水压、喷嘴孔大小以及冷却水管数量，针对不同规格棒材进行高温终轧后超快速冷却，其瞬时冷却速度可达到 400℃/s 以上。经过超快速冷却后，不同规格棒材断面不同位置的冷却速度均可以达到抑制网状碳化物析出、残余奥氏体完全发生珠光体转变的要求，网状碳化物级别均不大于 2 级，达到轴承行业标准。

（5）针对棒材超快速冷却系统的特点，设计了完善的自动化控制系统，实现了冷却温度的闭环控制，通过采用流量控制模式，可对棒材出口温度进行精确设定和控制。

3. 论文与专利

论文：

（1）孙艳坤，吴迪. 用超快速冷却新工艺生产 GCr15 轴承钢[J]. 钢铁研究学报，2009，21(1)：22 ~ 25.

（2）孙艳坤，吴迪．超快冷终冷温度对轴承钢棒材组织性能影响[J]．东北大学学报，2008，29(11):1572～1575.

（3）孙艳坤，吴迪．轴承钢棒材超快速冷却新工艺的应用研究[J]．钢铁，2008，43(7):47～50.

（4）赵宪明，孙艳坤，吴迪．GCr15 轴承钢高温变形后控冷工艺的研究[J]．材料科学与工艺，2010，18(2):216～220.

（5）赵宪明，孙艳坤，吴迪．大断面轴承钢棒材超快速冷却过程温度场模拟[J]．塑性工程学报，2010，17(5):97～102.

（6）孙艳坤，吴迪．应用超快速冷却技术消除 GCr15 钢网状碳化物[J]．轴承，2008，9：25，26，46.

（7）孙艳坤，吴迪．珠光体共析转变对碳化物粒状倾向的影响[J]．热加工工艺，2008，37（24）：54～56.

（8）赵宪明，孙艳坤，王永红．轴承钢棒材超快速冷却的试验研究[J]．东北大学学报，2010，31（7）：947～952.

（9）孙艳坤，吴迪．高碳钢热轧后冷却过程中的组织变化研究[J]．轧钢，2005，25(6)：28～30.

（10）何小丽，赵宪明，马宝国，等．GCr15 棒材轧后快冷过程温度场模拟分析[J]．物理测试，2008，26(3)：26～29.

专利：

赵宪明，吴迪，王国栋，刘相华，杜林秀。一种线材和棒材热轧生产用超快速冷却装置，2008，中国，ZL200510046822.4.

4. 项目完成人员

主要完成人员	职　称	工 作 单 位
赵宪明	教　授	东北大学 RAL 国家重点实验室
吴　迪	教　授	东北大学 RAL 国家重点实验室
何纯玉	副教授	东北大学 RAL 国家重点实验室
高俊国	工程师	东北大学 RAL 国家重点实验室
吴志强	讲　师	东北大学 RAL 国家重点实验室
孙艳坤	博士研究生	东北大学 RAL 国家重点实验室
何小丽	硕士研究生	东北大学 RAL 国家重点实验室

5. 报告执笔人

赵宪明、何纯玉。

6. 致谢

在轴承钢的实验研究和现场试轧过程中，实验室王国栋院士和吴迪主任给予了全面指导，为本项目的研究工作指明了方向，尤其在轴承钢超快速冷却过程的碳化物析出控制理论和分析方面起到了关键的作用。

在理论研究和实验室实验过程中，孙艳坤博士做了大量的工作，而本研究报告的很多内容是在其博士论文工作的基础上完成的。

在试验试轧阶段，硕士研究生何小丽对现场的数据采集和组织性能的检验进行了研究，得到了相关的实验数据。

在轴承钢超快速冷却系统开发中，何纯玉副教授、吴志强讲师和高俊国工程师同时开发了计算机控制系统的一级和二级系统，对冷却过程的数学模型进行了开发，为超快速冷却系统的应用和冷却温度的精确控制奠定了基础。

虞晟晨工程师对冷却系统的机械结构进行了设计，并参与全过程的安装和调试，使得项目顺利得到了现场应用。

在此向所有为轴承钢超快速冷却项目做出贡献的各位老师和同学表示衷心的感谢。

目　录

摘　要

我国的轴承钢产品质量与世界发达国家相比还有一定的差距。我国国民经济的快速发展对轴承钢的产品质量提出了越来越高的要求，现有的生产工艺已经不能满足发展的需求。本书针对国内某特殊钢棒材厂进行连铸连轧机改造后，轴承钢棒材交货状态网状碳化物大量析出的问题，通过实验室热模拟实验、热轧实验和不同冷却工艺控冷实验，对热轧 GCr15 轴承钢的组织与性能进行了研究。重点分析了不同轧制工艺和冷却工艺参数对 GCr15 轴承钢过共析二次碳化物的析出和珠光体转变的影响，探讨了抑制网状二次碳化物析出得到细小珠光体组织的工艺方法。并在原有连轧生产线上增设超快速冷却系统，于终轧后进行超快速冷却工业实验和大批量工业化生产。研究的主要工作如下：

(1) 在实验室自主研发的热力模拟实验机上对 GCr15 轴承钢进行热模拟实验。高温变形促进 GCr15 轴承钢在连续冷却过程中二次碳化物的析出和珠光体的转变，随着变形量增加，二次碳化物和珠光体的开始析出温度升高，珠光体球团直径减小，但变形量变化对二次碳化物的厚度影响甚微；低温变形促进晶界处二次碳化物的碎断，珠光体球团直径和片层间距减小。

GCr15 轴承钢在连续冷却过程中，从高温到低温的相变产物主要有二次碳化物、珠光体和马氏体，随着冷却速度减小，马氏体转变曲线右侧发生抬高现象；晶界处二次碳化物为 $(Fe, Cr)_3C$ 型碳化物，抑制网状二次碳化物析出的临界冷却速度为 8℃/s；完全发生珠光体转变的临界冷却速度为5℃/s，在 756 ~510℃温度范围内保温 20 ~200s 就可以完全发生珠光体转变；随着连续冷却速度增加，二次碳化物和珠光体的开始析出温度降低，晶界处的二次碳化物由紧密的网状分布转变为半网状、短条状，最后弥散析出，二次碳化物厚度减小，晶界处二次碳化物中 C、Cr 含量减小，珠光体的球团直径和片层间距减小，显微硬度值增大，并有退化珠光体生成。

(2) 在热力模拟实验机上对GCr15轴承钢进行高温变形后控冷工艺模拟。GCr15轴承钢高温变形后以一定冷却速度快速冷却到不同温度的等温过程中，随等温时间延长，室温组织中珠光体含量增多的同时，晶界处二次碳化物析出趋势增大。随快速冷却阶段冷却速度的增加和等温温度的降低，二次碳化物沿晶界析出减弱，珠光体球团直径减小，珠光体片层结构变细变短，并有退化珠光体生成。以一定冷却速度快速冷却到不同温度进行缓慢冷却过程中，随着缓慢冷却速度的增加，珠光体球团直径减小，晶界处二次碳化物析出减少，缓慢冷却速度过大，将有淬火马氏体生成，晶界处无网状二次碳化物析出，珠光体组织大部分为铁素体和渗碳体层叠生长的片层状结构，有少量退化珠光体生成。通过制定不同温度区间的冷却工艺，增大快冷段冷却速度并配合以合理的缓冷段冷却速度，就可以达到抑制网状碳化物析出并得到细小片层珠光体的目的。

(3) 在实验室条件下对高温终轧后的GCr15轴承钢进行新型冷却工艺实验，分析不同冷却工艺对轴承钢组织性能的影响。轴承钢热轧后在常规冷却过程中，表面冷却速度较大，得到了抑制网状碳化物析出的珠光体组织，但内部由于冷却能力不足，室温组织为沿晶界析出的网状二次碳化物和粗大珠光体组织。轴承钢热轧后经过表面冷却速度大于100℃/s的超快速冷却，整个断面均为抑制了网状二次碳化物析出的细小珠光体组织，说明其内外部均达到了抑制网状碳化物析出的理想冷却速度；由于其心部冷却能力相对表面减弱，因此心部珠光体片层间距较表层有一定程度增大；随着终冷温度的降低，珠光体球团直径和片层间距减小，网状碳化物级别降低，其球化退火后的冲击韧性值和硬度增大。

(4) 对不同规格轴承钢棒材高温保温后超快速冷却过程的温度场进行模拟，分析超快速冷却过程中，棒材断面不同位置温度和冷却速度变化。采用ANSYS软件对超快速冷却过程中棒材断面进行温度场分析的过程中，采用计算超快速冷却终冷温度与实测值一致时停止计算的途径来确认换热系数的较精确值。

对于不同规格的轴承钢棒材，根据超快速冷却后棒材表面温度不低于马氏体转变温度，而返红后最高温度不超过700℃的原则，运用一段式或多段式超快速冷却，解决了大断面棒材内部不易冷却的难题，棒材断面不同位置的冷却速度均可以达到抑制网状碳化物析出、残余奥氏体完全发生珠光体转变的要求。

（5）在不改变原有热连轧生产工艺的基础上，在连轧机组后安装三组超快速冷却系统，通过调节水压、喷嘴孔大小以及开水箱个数，针对不同规格棒材进行高温终轧后的超快速冷却，其瞬时冷却速度可达到400℃/s以上。经过超快速冷却后，不同规格棒材断面不同位置的冷却速度均可以达到抑制网状碳化物析出、残余奥氏体完全发生珠光体转变的冷却速度要求，网状碳化物级别均不大于2级，达到轴承行业标准。

（6）针对棒材超快速冷却系统的特点，设计了完善的自动化控制系统，实现了冷却温度的闭环控制，通过采用流量控制模式，可对棒材出口温度进行精确设定和控制。

轴承钢棒材超快速冷却工艺的应用解决了不同断面轴承钢棒材高温终轧后网状碳化物级别超标的问题，不仅可以得到抑制网状碳化物析出的细小珠光体组织，利于下一步球化退火工艺，而且保证了连轧生产线的轧制速度和避免待温工序，提高生产效率，使企业取得较大经济效益。这一研究对于提高我国轴承钢棒材质量、促进我国经济和社会发展具有重要的指导意义。

关键词：GCr15轴承钢；CCT曲线；片层珠光体；过共析二次碳化物；网状级别；超快速冷却

1 绪 论

我国的钢铁产量已多年位居世界第一，但是钢铁产业的技术水平与国际先进水平相比还有较大差距，技术含量高、附加值高的合金钢、高强度钢等高端产品比例比较低，我国钢铁行业尚有较大的发展空间。随着国民经济的发展，各行业对钢铁工业提出越来越高的要求。在合金钢领域内，GCr15 轴承钢是检验项目多、质量要求严、生产难度大的钢种之一，用其制作的滚动轴承，在使用中要求抗压、耐磨损、抗疲劳、耐腐蚀和工作寿命长；除了制作滚动轴承外，目前它还广泛用于制造各类工具和耐磨零件。

轴承广泛应用到国民经济各个部门[1~3]，每个国家轴承的需求量与国民生产总值保持一定的关系。如日本、美国轴承的总需求量大约分别是国民生产总值的 0.11% 和 0.13%，从某种程度上讲，轴承的产量和质量制约着国民经济的发展、国防建设及科学技术现代化的速度和进程。而轴承钢的生产和进步直接影响到轴承工业的发展。工业发达国家历来都十分重视轴承钢的生产、质量、科研及开发工作[4,5]。随着科学技术的不断发展，轴承的应用范围越来越广泛，其应用环境也日趋恶劣，对轴承钢的要求也越来越高，提高轴承钢的内在质量和疲劳寿命是冶金及机械行业长期以来的目标，为此国内外钢铁行业工作者一直进行着不懈的努力。

1.1 轴承钢的质量控制

为了提高轴承钢的质量，保证其具有较高的疲劳强度、抗压强度、表面硬度和较长的使用寿命，一定要提高钢材的纯净度和钢中碳化物的均匀化程度[6]。所谓纯净度主要是指材料中夹杂物的含量、夹杂物类型及气体含量；而碳化物的形状、大小和分布的均匀化程度，是决定轴承钢质量的另一个重要标准。

1.1.1 非金属夹杂物水平

GCr15 轴承钢中的非金属夹杂物有脆性夹杂物（氧化物、氮化物、脆性硅酸盐、氯化钛等）、塑性夹杂物（硫化物、塑性硅酸盐等）、球状夹杂物（点状不变形夹杂物）。研究表明[7~9]，非金属夹杂物与轴承零件接触疲劳的萌生和裂纹源的产生直接相关，轴承钢中非金属夹杂物对滚动轴承的使用寿命有重要的影响。夹杂物的危害程度影响顺序是：氮化物 < 硅酸盐 < 氧化物。

氧化物及球状不变形夹杂对轴承钢的疲劳接触寿命影响很大。氧化物夹杂物的数量增多、尺寸增大，使疲劳寿命下降。球状不变形夹杂物尺寸加大，疲劳寿命明显降低，而且试样尺寸越小，影响越严重。研究表明，夹杂物尺寸在 6 ~ 8μm 以下时，对轴承钢的接触疲劳寿命影响不大。

按照轴承钢技术条件规定，非金属夹杂物级别按表 1-1 的规定进行控制。

表 1-1 GCr15 轴承钢非金属夹杂物的合格级别

规格及状态	级别不大于		
	脆性夹杂物	塑性夹杂物	球状不变形夹杂物
冷拉钢及≤30mm 的退火材	2.0	2.0	2.5
30 ~ 60mm 的退火材及≤60mm 不退火材	3.0	3.0	3.0
>60mm 不退火材及退火材	3.5	3.5	3.5

对疲劳寿命有不良影响的氧化物系夹杂物的总量，由钢中氧含量决定。由于非金属夹杂物定量困难，我们一般采取研究疲劳寿命和氧含量的关系来探讨问题，并且致力于减少钢中的氧含量。氧含量的高低是评价轴承钢纯净度的依据，氧含量的降低可以使轴承的寿命成倍增长。

为了减少钢中的非金属夹杂物并降低氧含量，必须严格遵守冶炼和浇铸技术规程。对要求有高纯净度的轴承钢，可以采用脱气、真空感应搅拌、电渣重熔和真空自耗熔炼等技术。

1.1.2 碳化物的控制

高碳铬轴承钢中的碳化物，主要是合金碳化物。根据高碳铬轴承钢中碳化物的不均匀性在显微组织上的形状、分布及其形成原因，可分为液析碳化物、带状碳化物和网状碳化物。控制碳化物的组织特征、数量、形状、大小和分布的均匀程度，对改善轴承钢的性能有重要意义。图 1-1 所示为碳化物不均匀性的三种主要表现形式。

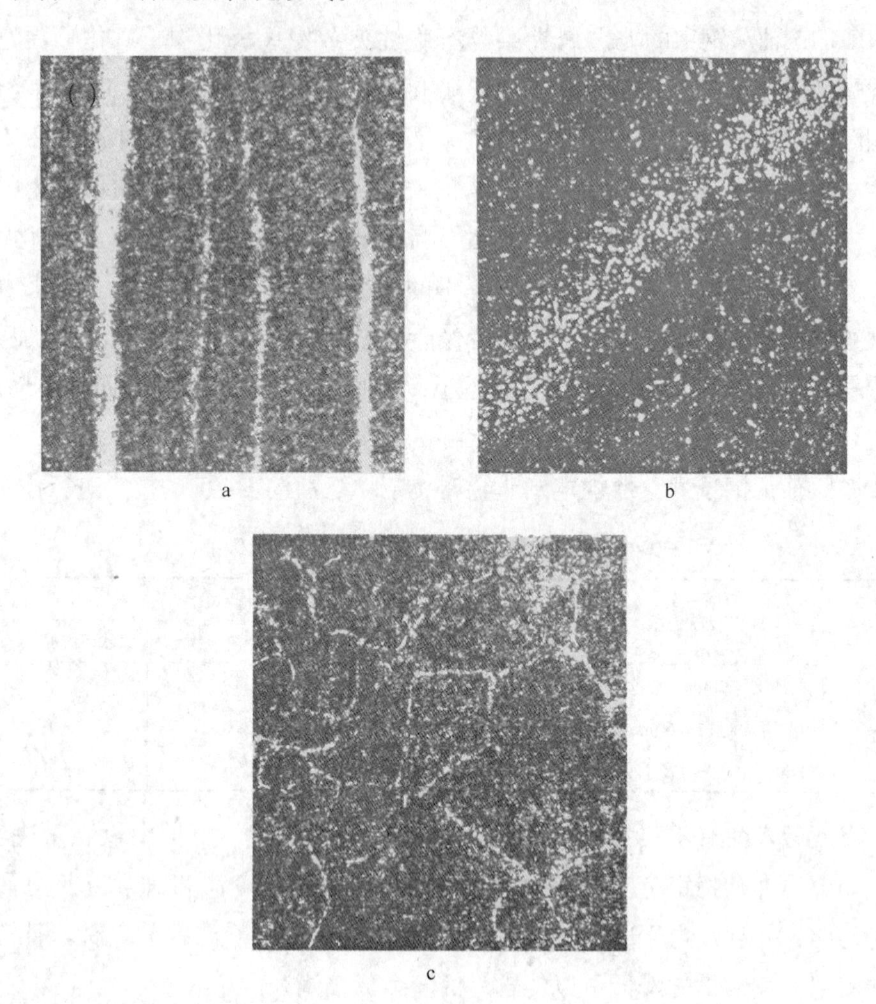

图 1-1 轴承钢中碳化物的形式
a—液析碳化物；b—带状碳化物；c—网状碳化物

1.1.2.1 液析碳化物

钢锭凝固时，由于液体中碳及合金元素富集并产生亚稳定莱氏体共晶，从而形成了液析碳化物。它是由液态偏析引起的，从钢液中直接形成的一次碳化物[10]。

液析碳化物对钢材组织不均和性能有明显影响。主要表现在：(1) 液析碳化物颗粒大、硬度高、脆性大，暴露在轴承表面易引起剥落，加快轴承的磨损。(2) 大块液析碳化物内部的晶界，往往成为疲劳裂纹的发源地。(3) 增大零件淬火时的开裂倾向。(4) 未消除的一次共晶碳化物，在热轧时，随钢中奥氏体塑性变形而转动、变形，形成位错，并在位错线处碳扩散、溶断为小块，且沿轧制方向呈条状分布。

为了改善或消除轴承钢中的液析碳化物，在生产中主要可以采取如下措施：

(1) 控制钢中的铬和碳含量中下限。钢中加少量钒可减少碳化物液析程度。

(2) 改进浇铸工艺和选择合理铸型。采用扁断面钢锭与浇铸后急冷，可以减少偏析。对于连铸坯，由于冷却速度比较大，碳化物液析较少。

(3) 热锻或热轧时，采用较大的压缩比或延伸率，可以细化液析碳化物。

(4) 通过扩散退火，可以消除碳化物液析。扩散退火要有足够的时间保温，否则液析碳化物虽然可以消除，但碳化物的不均匀性没有改善，带来随后碳化物带的加宽，或网状碳化物级别的增加。

1.1.2.2 带状碳化物

带状碳化物是由钢锭凝固时形成的枝晶偏析引起的。在各枝晶之间，同时也在晶体二次轴之间富集碳和铬，从而引起成分和组织的不均匀性。钢锭经热轧后，这些高碳富铬的区域沿轧制方向被拉长，结果在钢材中形成了带状碳化物。

带状碳化物和液析碳化物在形成方式上有本质的不同。细小颗粒的带状碳化物是从奥氏体中析出的二次碳化物，而液析是从钢液中直接析出的一次共晶碳化物。两者的共同点是都是由偏析引起的，当偏析程度小时，只出现带状碳化物；而偏析程度严重时，则首先从钢液中直接析出莱氏体共晶，随后又在这一部分出现二次碳化物析出，形成带状碳化物。

轴承钢中存在严重带状碳化物，对钢的组织、力学性能和接触疲劳寿命方面均有较大影响。主要表现在：(1) 在钢退火时，不易获得均匀的粒状珠光体。(2) 带状碳化物严重时，淬火后所得组织和硬度不均匀。(3) 具有带状组织的钢材，其力学性能有各向异性，带状碳化物增加了淬火变形和开裂倾向，提高了冷加工钢材表面的粗糙度。(4) 降低轴承钢的接触疲劳寿命，当带状碳化物由 0.5 级变为 1.5~2.0 级的情况时，接触疲劳寿命降低三分之一。(5) 具有带状碳化物的钢坯，在以后的热变形过程中，碳化物分布不能得到明显的改善。

为了降低带状碳化物级别，采取的主要措施便是对钢锭或钢坯进行扩散退火。

1.1.2.3 网状碳化物

GCr15 轴承钢在热轧后的冷却过程中，由于碳在奥氏体中溶解度降低，过饱和的碳以碳化物形式从奥氏体中沿奥氏体晶界呈网状析出，这些网状碳化物是先共析二次碳化物。它在以后的成品淬火过程中不能被完全消除。保留在轴承钢中的网状碳化物，明显增加了零件的脆性，降低了承受冲击载荷的强度。在动载荷作用下，零件易沿晶界被破坏。网状碳化物也增加了淬火开裂的倾向。最初我国的 YB9—68 中规定轴承钢中的网状碳化物必须小于 3 级。

严重的网状碳化物对轴承钢的性能有很多不利影响：(1) 轴承钢研磨过程中容易产生磨裂，也称龟裂。(2) 如果原先的网状碳化物严重，不仅球化退火不能将其消除，甚至在以后的淬火组织中仍然保留，容易导致产生淬火裂纹。即使在淬火时不产生裂纹，在以后的使用过程中网状碳化物也将是疲劳裂纹的发源地。

网状碳化物的形成，与钢锭中原始碳化物的偏析程度有密切关系，热加工工艺制度对其厚度也有直接影响。变形量小，终轧温度高，轧后冷却慢，均会使钢材中碳化物网趋向连续与粗化。钢锭中原始碳化物偏析程度大，在碳化物密集的区域易出现网状碳化物。

降低或消除网状碳化物的措施有：(1) 控制钢中碳和铬的含量在规定范围的下限。(2) 减小钢锭中原始碳化物的偏析程度。(3) 采用低温终轧。(4) 高温终轧，轧后进行快冷。(5) 如果网状碳化物级别不合格，可以采用正火工艺消除。这个措施可使网状碳化物得到改善。但正火处理既增加了额外工序，又容易带来碳化物粒度不均匀问题，因此现在钢厂一般不再采用这种工艺。通过控轧控冷防止网状碳化物的析出是有意义的。

表 1-2 所示为《铬轴承钢技术条件》(YB 9—68) 中要求的碳化物合格级别。

表 1-2　GCr15 轴承钢中碳化物合格级别（YB 9—68）

规格及状态	合格级别（小于以下对应级别）			
	碳化物液析	碳化物带状	碳化物网状	退火后球化组织
冷拉钢及≤30mm 退火材	1.0	2.5	3.0	1~4
30~60mm 退火材	2.0	3.0	3.0	1~4
≤60mm 不退火材	2.5	3.5	3.0	1~4
>60mm 不退火材及退火材	3.0	3.5	3.0	不检查

1.2　国内外轴承钢生产现状

1.2.1　国外轴承钢生产现状

轴承工业的发展带动了轴承钢的产量和质量的提高。世界上轴承钢的产量和质量处于领先地位的是瑞典和日本。瑞典是世界轴承钢及轴承的生产“王国”，历史悠久，产品质量居世界之首；日本经过多年的努力，引进先进技术及装备，优化工艺，使轴承钢的质量也跃居世界先进行列[11~14]。它们的轴承钢生产现状体现了当今世界轴承钢生产质量的水平和方向。

在工业发达国家，例如瑞典、日本等国，20 世纪 70 年代以来就普遍采用炉外精炼，氧含量降低到了 20×10^{-6} 以下[15]。80 年代中期，特别是进入 90 年代，GCr15 轴承钢的氧含量已经降低到 20×10^{-6} 以下，甚至是 $(5\sim6)\times10^{-6}$。日本山阳厂生产的超纯轴承钢氧含量已达到 $(4\sim5)\times10^{-6}$。大截面连铸机生产轴承钢在日本、德国也已取得显著成效，不但成材率高，钢中氧含量和非金属夹杂物水平也有所降低。据日本报道，连铸钢材与模铸钢材相比，氧含量平均减少 2.5×10^{-6} 左右，轴承疲劳寿命提高 1~2 倍[16~18]。在热加工方面，为了改善轴承钢碳化物的不均匀性、细化组织、减少脱碳，普遍采用的技术有：钢锭扩散退火技术、控轧和轧后控冷技术、连续式炉球化退化技术等。

当今国际上轴承钢实物质量水平处于领先地位的瑞典 SKF 公司和日本山

阳公司的工艺装备如下：

（1）瑞典SKF（位于瑞典Hofors的OVAKO厂）公司[19]：高功率电炉初炼(100t)→SKF→MR精炼→模铸(313t锭)→钢锭均热→初轧机开坯→行星轧机、轧机精轧→无损在线检测→连续炉球化退火→检验入库。

（2）日本山阳公司[20]：高功率电炉初炼(90～150t)→钢包炉精炼→RH精炼→CC/IC→均热→初轧开坯→钢坯清理→行星轧机、连轧精轧→无损在线检测→连续炉球化退火→检验入库。

1.2.2 国内轴承钢生产现状

我国轴承钢的生产经过几十年的努力，其生产装备水平也有了很大进步[21]，产量和质量也大大提高，品种结构也有所改善。目前国内很多企业都建成了炉外精炼轴承钢的生产装备，其精炼工艺虽然不相同，但是只要精炼装备具有加热、成分微调、真空脱气和搅拌等功能，无论是LFV或VAD炉，在有优质耐火材料及操作工艺优化保证的条件下，一般都取得了较好的精炼效果。我国轴承钢生产中采用中、小方坯的连铸工艺也有所发展。早在1997年，上海五钢就引进了5机5流连铸机，并在同一年建成了一条100t直流电炉→100t钢包炉→100t真空炉→5机5流连铸机生产线。连铸轴承钢的年产量从1997年的1.77万吨提高到2002年的5.98万吨，轴承钢连铸比从1998年的13.77%提高到了2004年的41.54%。连铸材与模铸材相比，氧含量降低2.5×10^{-6}左右，疲劳寿命也有提高，如表1-3所示。图1-2所示是大同特殊钢厂炉外精炼轴承钢连铸材与模铸材的夹杂物分布。可以看到经过连铸后，夹杂物含量减少，分布均匀。

表1-3 连铸和模铸轴承钢材氧含量和疲劳寿命

浇铸方式	氧含量				疲劳寿命 L_{10}
	头部	中部	尾部	平均	
连铸	7.2×10^{-6}	5.6×10^{-6}	7.4×10^{-6}	7.1×10^{-6}	$(33\sim41)\times10^{6}$
模铸	9.4×10^{-6}	9.8×10^{-6}	9.6×10^{-6}	9.6×10^{-6}	$(62\sim24)\times10^{6}$

上海五钢（集团）有限公司、大冶特钢集团有限公司、北满特殊钢股份有限公司组建了具有20世纪70年代国际水平的3条轴承钢生产线，使

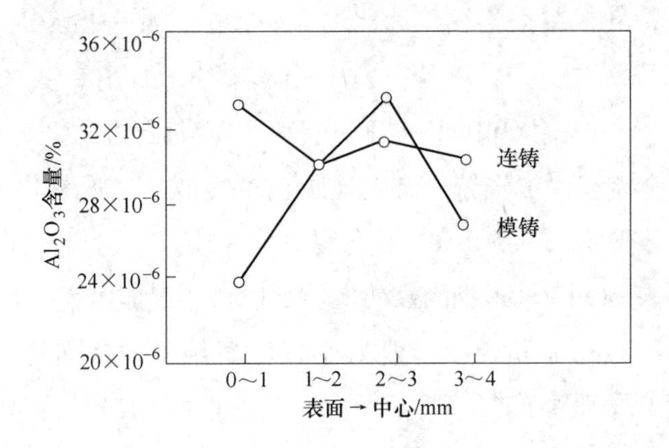

图 1-2 连铸材横截面夹杂物分布

我国轴承钢的质量有了飞跃发展。钢厂炉外精炼技术趋于成熟，电炉容量趋于大型化，广泛应用于连铸，已实现连铸坯热送；钢材纯洁度显著提高；采用辊底式连续退火炉，使珠光体组织得到改善；钢材的外观尺寸也显著改善。在市场经济的促进下，各生产企业为在竞争激烈的轴承钢市场占有一席之地，对生产装备进行了大量的改造和提高，特别是真空脱气等精炼设备的普遍应用，大大地提高了轴承钢的实物质量，轴承钢理化检验设备和生产、质量管理水平也有了较大的进步。国内主要轴承钢生产厂家的工艺装备如下：

（1）大冶特钢：60t 超高功率直流电弧炉（ABB）→60tLF + VD 精炼炉（Danieli）→模铸或连铸（Krupp）→连轧（Pomini）或 170 无缝钢管。

（2）上海五钢：经过多年的建设和发展，上海五钢已有两条工艺和装备均现代化的轴承钢生产线：

一条是 30t 高功率电炉初炼→LFV 钢包精炼→模铸→钢锭均热→初轧机开坯→探伤→精整→横列式机组加高刚度轧机或 17 机架粗轧、中轧、精轧机组精轧→连续炉球化退火→无损检测→检验入库；

另一条是 100t 超高功率电炉初炼（EBT）→LF→VD 钢包精炼→连铸→17 机架粗轧、中轧、精轧机组→连续炉球化退火→无损检测→检验入库；

或 100t 超高功率电炉初炼（EBT）→LF→VD 钢包精炼→模铸→钢锭均热→初轧机开坯→酸洗→探伤→精整→横列式机组加高刚度轧机或 17 机架

粗轧、中轧、精轧机组→连续炉球化退火→无损检测→检验入库。

（3）抚顺特钢[22]：EAF→LF→VD→CC 或 IC→轧制。

（4）石钢[23]：采用 60tBOF→LF→VD→CC 流程生产 GCr15 轴承钢的工艺实践，施行全流程保护浇铸，有效地防止了钢液的二次氧化。最终成材钢中氧的质量分数平均为 9.5×10^{-6}，最低达 7×10^{-6}，达到了国内先进水平，实现了转炉冶炼 GCr15 轴承钢的高效率、高质量、低成本生产。

经过我国冶金行业和轴承行业从业人员多年来的共同努力，我国轴承钢材料的质量有了明显的提高。我国的轴承钢生产工艺与装备能力除了在在线检测、精整修磨和钢材包装方面存在不足外，其他已基本达到国际先进水平。随着国家标准《高碳铬轴承钢》(GB/T 18254—2002）的制定和实施，加上许多特殊钢企业引进国外的先进工艺及设备，我国轴承钢的冶炼水平、冶金质量上了一个台阶，在一些技术和质量指标方面已达到或接近国外的先进水平[24~29]。轴承钢已趋于专业化生产，并开始向世界顶级的 NMB、SKF、TIMKEN、NSK 等跨国轴承公司提供钢材。近年来，上海五钢（集团）有限公司将自己生产的模铸轴承钢送到 SKF 公司检验并得到了该公司的认证。江阴兴澄特种钢铁有限公司也得到了 SKF、FAG 等公司的认证或允许他们在我国开办的轴承生产企业使用该公司生产的轴承钢加工轴承零件。

通过炉外精炼、连铸连轧、钢锭扩散退火技术、控轧和轧后控冷技术、连续式炉球化退化等先进设备和技术的应用，我国轴承钢的纯净度得到很大提高，氧含量和非金属夹杂物得到有效的控制，冶金材料工作者正在为钢中氧含量接近 $(2 \sim 3) \times 10^{-6}$ 这样的极限值的新目标而努力。轴承钢碳化物的不均匀性也得到了一定程度的消除。但是目前国产轴承钢材实物质量还不稳定，集中表现在网状碳化物级别严重超标的问题上。

国家标准《高碳铬轴承钢》(GB/T 18254—2002）中对网状碳化物的级别有了更高的要求，对于供 NSK 或 Torrington 或 SKF 的退火材，网状碳化物级别尚有更为严格的检验要求。为此，国内一些钢厂为适应轴承市场的需要、提高轴承钢质量、降低网状级别，已经进行了一系列科技攻关活动，主要表现在轴承钢控轧控冷工艺的应用研究上。

1.3 控制轧制和控制冷却技术在轴承钢生产上的应用

1.3.1 传统的控制轧制和控制冷却理论

早在1975年的微合金化国际会议，1983年的高强度低合金钢工艺与应用国际会议和1985年的高强度低合金钢国际会议上，就已经提出了大量的有关控制轧制和控制冷却的学术论文，它代表了现代科学技术的水平。近二十年来控制轧制和控制冷却不仅在机理方面（如强韧化机制、形变诱导相变、再结晶行为）的研究上有了很大的进展，而且在控制轧制、控制冷却技术上也取得了不少新成就。其中包括$\gamma+\alpha$两相区控制轧制、SHT轧制法、再结晶热轧、型线材的控制轧制和控制冷却、板材的加速冷却以及中高碳钢的控制轧制和控制冷却等。

控制轧制（controlled rolling）是在热轧过程中通过对金属加热机制、变形机制、温度制度的合理控制，使热塑性变形与固态相变结合，以获得细小晶粒组织，使钢材具有优异的综合力学性能的轧制新工艺。对于低碳钢、低合金钢来说，采用控制轧制工艺主要是通过控制轧制工艺参数，细化变形奥氏体晶粒，经过奥氏体向铁素体和珠光体的相变，形成细化的铁素体晶粒和较为细小的珠光体球团，从而达到提高钢的强度、韧性和焊接性能的目的。

控制冷却（controlled cooling）是控制轧后钢材的冷却速度以达到改善钢材组织和性能的目的。由于热轧变形的作用，促进变形奥氏体向铁素体转变的温度提高，相变后的铁素体晶粒容易长大，造成力学性能降低。为了细化铁素体晶粒，减小珠光体片层间距，阻止碳化物在高温下析出以提高析出强化效果，常采用控制冷却工艺。

控制轧制和控制冷却工艺相结合能将热轧钢材的两种强化效果相加，进一步提高钢材的强韧性和获得合理的综合力学性能。

1.3.2 GCr15轴承钢网状碳化物析出理论

GCr15轴承钢属于过共析钢，大量碳化物存在于产品中是必然的。在轴承使用中，除疲劳失效外尚有磨损失效，因此碳化物亦不可能不存在，关键是设法改善碳化物尺寸和分布状态[30]。轴承的使用组织结构是淬火-回火状态下的马氏体+残余奥氏体+残余碳化物。为了获得良好的使用组织结构，钢材球化退火前必须具有良好的球化退火预备组织，即抑制了晶界处网状碳化物析出的细小片层珠光体组织。GCr15 轴承钢在轧后奥氏体状态下的冷却过程中，有二次碳化物析出，并在奥氏体晶界形成网状碳化物，对轴承使用寿命有很大影响。因此，如何降低网状碳化物级别，是热轧轴承钢的重大问题之一。关于 GCr15 轴承钢网状碳化物的析出问题，钢铁研究工作者已经进行了很多研究工作。

马鞍山钢铁股份有限公司利用 Gleeble-2000 型热模拟试验机[31]，通过流变应力法、热膨胀法和金相分析法对 GCr15 轴承钢某一轧制过程进行模拟试验，提出了轧后控制冷却工艺及其方法，即：(1) 较为经济合理的控制冷却工艺是在 950℃ 终轧温度下，以 12℃/s 左右的冷却速度快速冷却至 600℃；(2) 应根据生产现场不同的工艺设备条件，采取不同的轧后控制冷却方法和措施，如强鼓风冷、喷水雾加鼓风和钢材穿水槽等方法的不同冷却强度来控制冷却速度。对大断面钢材进行缓冷，对小断面钢材进行堆冷，以避免产生应力裂纹。

文献 [32] 中对终轧温度和轧后冷却速度对高碳铬轴承钢的碳化物网状组织的影响有这样的描述：

1125~1150℃停锻，75℃/min 冷却：晶粒粗大，有细碳化物网；
15℃/min 冷却：晶粒粗大，有粗碳化物网；

1020~1050℃停锻，75℃/min 冷却：晶粒较小，有较细的晶粒间界，而没有碳化物；
15℃/min 冷却：晶粒较小，有粗碳化物网；

920~950℃停锻，75℃/min 冷却：晶粒更小，碳化物网消失；
15℃/min 冷却：晶粒更小，碳化物网可能产生；
4℃/min 冷却：晶粒更小，碳化物网粗大；

850~860℃停锻，任何速度冷却：晶粒很小，都没有碳化物网出现。

有关文献[33~35]中指出，在热变形后连续冷却速度在 0.2~2℃/s 范围内，高温变形使得二次碳化物析出曲线向左上方移动；二次碳化物生长厚度与形变量、形变温度无关，随冷却速度增大而减小；变形使得二次碳化物析出临界冷却速度升高到不低于 2℃/s，二次碳化物以台阶机制生长。在文中还提出，为了轧后得到弥散度较大的珠光体组织，要加大冷却速度。

终轧温度由950℃降低到870℃，碳化物量减少并且晶粒细化，冷却速度加大，由3℃/s提高到5℃/s和7℃/s时，碳化物量明显减少并且细化，轧后空冷900～700℃范围内冷速小于2.7℃/s将产生粗大网状碳化物组织[36]。

也有文献[37,38]认为，钢的终轧温度应严格控制在800～850℃之间，以利于破碎网状碳化物。温度高于850℃时，钢材在冷却过程中会析出网状碳化物；温度低于800℃时碳化物开始析出，富集的碳化物偏析会随着金属的变形，延伸成带状碳化物。

对轴承钢在接近平衡冷却条件下进行实验发现，GCr15轴承钢二次碳化物在900～700℃之间析出，析出的速度在700～750℃间加强[39]。

孙有社等人[40]在实验室条件下采用自制的浸水快冷装置，在实验室模拟研究快冷工艺对网状和珠光体球化的影响。实验中将ϕ35mm×120mm轴承钢棒材在900℃保温后浸水快冷，控制终冷温度在700～500℃范围内，改善了碳化物分布，使碳化物网状级别由2.0级下降到1.0级。球化级别由1.0级提高到2.0～2.5级，为球化退火提供了理想的预备组织。

李胜利的研究[41～43]认为，大断面轴承钢心部获得索氏体组织的临界冷却速度，即900℃变形和850℃变形后应大于3℃/s。快速将轧后轴承钢冷却到700～550℃温度范围内完成珠光体转变，可抑制碳化物的析出，降低网状级别。

1.3.3 控制轧制和控制冷却技术在轴承钢生产上的应用

在轴承钢的生产过程中，当轧机一定时，一套孔型设计完成之后，其轧机各道次的变形条件基本确定，在生产中变形条件仅能在较小范围内调整，因此控制轧制在轴承钢生产中主要是进行轧件温度的控制，即所谓控温轧制[44,45]。而近年来，由于对连铸连轧机进行改造后，大幅度地提高了轴承钢的轧制速度，急需解决冷床面积不足和终轧温度过高的问题，因此也开发了各种控制冷却方法和冷却装置。近年来在轴承钢生产领域，人们对运用控轧控冷工艺解决网状碳化物严重析出问题已经开展了大量的工作，并取得一定的成果。目前生产轴承钢棒材的控制轧制和控制冷却的工艺方法和设备有下列几种。

1.3.3.1 低温终轧

在热轧生产中，为了降低终轧温度，降低网状碳化物级别，形成了由高温开始连续轧制，低温终轧[46]，即奥氏体与碳化物两相区终轧的控制轧制工艺。

低温轧制的工艺特点是：钢坯加热温度比普通热轧的加热温度稍低，防止原始奥氏体晶粒粗大，一般加热到1030~1200℃。保温后出炉轧制，直到精轧机列之前或终轧前1~3道，通过强化冷却或采用热轧钢料待温的方法将轧件冷却到两相区温度范围再轧制。其目的是通过两相区变形使先共析碳化物和未再结晶的奥氏体同时受到塑性加工，为细化珠光体球团尺寸、分散碳化物析出创造条件。在奥氏体变形的同时，先析出的碳化物于轧制中同样受到有较大变形渗透的塑性加工，在碳化物中形成大量位错，为碳化物的溶解、溶断、扩散和沉积创造了有利条件，使先析出的碳化物网形成细小、分散、小条状的碳化物颗粒。这种网状碳化物在以后的球化退火过程中容易熔断，对球化退火有加速作用。先共析碳化物的形状改变程度取决于在奥氏体与碳化物两相区的变形制度。

南钢钢铁集团公司认为，在900℃以上γ单相区轧后快冷到800~850℃双相区再轧最有前途。

原苏联在热轧ϕ28~42mm棒材时，将热轧和在线球化退火相结合。把钢坯加热到1000~1100℃连续轧制，一直到750℃终轧，总变形100%~160%。轧后立即将轴承钢加热到780℃，保温半小时后以40~60℃/h速度冷却到650℃，之后采取空冷。该工艺将热轧和在线球化退火结合为一体节省燃料，也得到了理想的组织。

但也有资料指出[47]，在终轧温度低于800℃时，变形组织不易发生回复再结晶，铸坯组织中的金属夹杂物和偏析组织在变形中形成“带状组织”更趋严重，材料性能趋向性增大，对疲劳韧性影响较大。

轴承钢低温终轧工艺由于轧制温度低，变形抗力大，一般轧机承受不了。如果变形量小，则又降低了碳化物颗粒的细化效果。而且由于待温时间长，则恶化了劳动条件，影响轧机产量，降低生产效率。

1.3.3.2 等温轧制工艺

轴承钢的等温轧制工艺特点是将坯料加热到单相奥氏体区，一般为900～1100℃，在这一温度范围进行多道次轧制，通过再结晶细化奥氏体晶粒，为以后的等温轧制创造有利的条件。把高温变形后的轴承钢冷却到800～720℃进行多道次等温轧制，为防止温降，每道轧后应立即返回炉中等温加热，等温轧制的总变形量为50%～60%。随后在780℃保温0.5h进行球化处理，目的是使析出的碳化物球化，之后，以40～60℃/h的冷却速度冷却至650℃进行空冷，可以得到符合要求的轴承钢球化组织和硬度。

这一工艺特点是将轧制和球化工艺结合为一体，节省燃料。但是，要进行等温轧制，必须保持轧件温度恒定，完成应轧制的道次，需反复多次等温加热，这在大生产中是比较困难的，更难以在连续轧制中实现，需增加等温设备，对生产线加以大规模改造。而且轧制温度低，一般轧机承受不了，这样工艺只能是附加轧制工艺，使工艺更复杂。

1.3.3.3 控制轧制、控制冷却和在线球化退火工艺相结合

控制轧制、控制冷却相结合并辅以在线球化退火工艺是目前轴承钢生产中应用最为广泛的工艺，目前已形成了如下三种轴承钢控轧控冷的组合方式：

（1）高温再结晶型控制轧制与轧后快冷。工艺特点是将坯料加热到1000～1200℃，在奥氏体再结晶区以较大的变形量进行轧制，经过轧制和再结晶的反复进行，细化了奥氏体晶粒，终轧温度控制在950～1050℃。终轧后在高效水冷器中进行快速冷却。

（2）高温再结晶型和未再结晶型控轧与轧后快冷。工艺特点是在高温再结晶区轧制一定道次后，在部分再结晶区进行待温或者进行快冷，当钢坯温度下降到未再结晶温度区间时，再次进行轧制，直到达到所要求的尺寸。终轧温度仍处在未再结晶区温度，网状二次碳化物仍没有析出。具体终轧温度取决于道次变形量大小和钢材规格。轧后立即进行快速冷却，阻止碳化物析出。

（3）高温再结晶型、未再结晶型和奥氏体与碳化物两相区控制轧制同轧后快冷。工艺特点是在上一工艺基础上，将终轧温度继续降低到奥氏体与碳

化物两相区范围，并在轧后进行快速冷却。

原苏联德聂伯尔特钢厂在325mm轧机生产线上采用轧后快冷装置，全长72.4m，由19个内径100mm、长3m的水冷器组成，钢棒移动速度为3～5m/s。高压水(0.5～3.0)×10^5Pa，最大供水量400m^3/h，生产ϕ30～32mm棒材。结果表明，钢材通过水冷器，表面温度冷却到400～500℃，网状碳化物降低1级。

长城特钢[49]生产ϕ12～14mm GCr15盘条，采用自制控冷设备和控冷新工艺盘条轧后出口温度为1050～1100℃，穿水后采用750～800℃卷取，穿水冷却时间1～2s，卷取20圈后开始喷雾水进行二次冷却，通过调整水流量，使盘条卷取时的表面温度在650～700℃，总卷取时间约为60s，卷取后进入链式冷却系统，“返红”温度至700℃左右。网状碳化物一次检验合格率为86%，比控制冷却前提高55%以上。

陕西钢厂[50]将轴承钢在1150～1200℃加热后经多道次轧制，终轧温度不低于1000℃，小断面进行一次水冷；大断面轴承钢ϕ34～55mm，终轧温度860～870℃，最高920℃，进行二次水冷；但是由于冷却强度较小，网状并没有得到理想的控制。

石钢新一轧厂[51,52]对小规格GCr15轴承钢圆材进行了控制轧制和控制冷却试验。通过5架粗轧、4架中轧、6架精轧后钢材温度控制在950℃左右，经过两段水冷段进行轧后控冷，以5℃/s左右的冷却速度快速冷却到600～650℃，最终返红温度为620～650℃。碳化物网状得到一定改善。

太原钢铁集团公司[53]认为抑制网状析出的最佳轧制工艺是：轴承钢加热到1100～1180℃，终轧温度800～850℃，轧后穿水快冷到500℃，返红到660℃。

大冶特殊钢股份有限公司连轧厂引进650连轧机组+KOCKS三辊减定径机+2DSC控轧控冷设备和技术生产ϕ12～72mm GCr15轴承钢[54]，采用奥氏体单相区和奥氏体与碳化物两相区控制轧制工艺。终轧温度低于820℃，轧后快冷到720～780℃的条件下网状碳化物不高于2.5级，终轧温度高于820℃，网状碳化物大于3级。

西宁特钢集团有限责任公司对轴承钢的生产工艺进行改进[55]，ϕ50mm GCr15轴承圆棒材切成定尺后横移，经一次和二次水冷器的快速冷却。钢材开始水冷时，最低温度为860～870℃，最高温度为920℃左右。将同一轧制工艺制度所轧制的空冷材和控制冷却材在连续退火炉中退火或模拟连续退火制度进行球化退火并进行组织和性能对比后发现，控制冷却材与空冷材相比硬度降低，网状级别降低，控制冷却材的接触疲劳寿命比空冷材的高。但是控冷材心部有网状组织出现。由于冷却温度不好控制，一次快速冷却后返红温度正处在碳化物激烈析出的温度区间，又没有立即进行二次冷却，使钢棒在这一温度区间慢冷，得到粗大的网状碳化物组织。

宝钢集团五钢公司生产的ϕ14～50mm轴承钢，进入精轧的温度为750～840℃，轧后水冷却温度范围为600～680℃，得到均匀的珠光体组织及少量条状和半球态碳化物，网状级别为1.5～2.5级[56,57]。但是认为精轧温度过低（小于750℃）效果不明显，而且变形抗力增大，因此需要改进。

通过对国内外轴承钢棒线材控轧控冷工艺方法和设备进行总结分析可以看到，在我国的轴承钢棒线材生产过程中，虽然已经采取了不同的控轧控冷工艺，也对网状二次碳化物的析出起到一定抑制作用，总体的思路都是先降低终轧温度，然后辅以一定的快速冷却，但是一方面“低温终轧”与“趁热打铁”的自然规律背道而驰，它必然受到设备能力等条件的限制，操作方面的问题也自然不容回避。在前面关于低温终轧中我们已经提到，轴承钢低温终轧工艺由于轧制温度低，必然导致轧件变形抗力增大，加大轧机轧制功率，而且某些道次的轧制负荷可能明显增加，出现“尖峰”负荷，影响正常轧制，甚至出现轧制事故；如果变形量小，则又降低了碳化物颗粒的细化效果；而且由于待温时间长，则恶化了劳动条件，影响轧机产量，降低生产效率。长期以来，各大钢厂为大幅提升轧制设备能力，投入了大笔资金、人力和资源，与“低温轧制”的思想不无关系[58,59]。另一方面，要保证低温终轧，不仅要求精轧前有足够的控冷能力，而且必须在水冷后至终轧前留有足够的等温空间，以使轧件断面上的温度均匀，否则轧后将出现“混晶组织”，影响产品性能。而这往往受到轧线长度和投资等的限制，在具体轧线上实施有一定困难。即使在连轧线上实现了低温终轧，但是在终轧后的冷却过程中，由于现有冷却设备冷却强度不足，冷却过程中温度很难控制，特别是大规格$\phi \geq$30mm棒材，冷却过程中其内部冷却速度很难进行测定，因此国内特钢企业生产的轴承钢棒材仍然存在质量不稳定、网状碳化物严重析出现象，成为企业生产的难点。

在对抚顺特钢和上钢五厂轴承钢生产状况的调研工作中发现，由于对连铸连轧机进行改造后，提高了轧制速度，轴承钢棒材的终轧温度普遍出现升高现象，温度提高幅度为 30～60℃，终轧温度范围在 980～1050℃范围内，低温终轧很难实现。而目前国内外轴承钢的控制冷却主要采用双套管冷却器、环形喷嘴冷却器及湍流管冷却器等，冷却强度小，抑制网状析出不理想。在上钢五厂特殊钢棒材厂的轴承钢生产线上，虽然应用了控制控轧控冷工艺，但是终轧温度仍然很难控制，针对 ϕ30～80mm 轴承钢棒材，其室温组织特别是棒材心部显微组织中网状碳化物析出问题严重。

抚顺特种钢通过连铸连轧技术生产的 ϕ12～72mm GCr15 轴承钢用于退火冷加工材和热加工材，开轧温度约 980℃。三个精轧机组的出口处，分别设有一个水冷段用于控冷。但连轧机之间布置太为紧凑，而且水箱规格较小，如果水压大则穿水管容易爆裂，穿水水压最大为 130Pa。由于受到上述条件的制约，轧后穿水冷却效果并不太明显，在线冷却很难控制。为了解决这个问题，在现场中一种方法是通过加大每个孔型的冷却水量，除起到冷却轧辊的效果外，还对钢坯有着降温作用，使钢坯内外温度均匀，二是适当降低各成品轧机出口速度 10%～20%，通过下调轧制速度使得钢坯在较慢的轧制速度中得到一定程度的冷却，降低终轧温度，但这并不是理想的解决方法。

通过上述分析可以看到，为了进一步提高轴承钢质量，迫切需要开发一种新型的冷却工艺，以突破控制轧制的限制，来解决轴承钢棒材高温终轧后冷却能力不足、网状碳化物严重析出问题，这就是下面我们要提到的超快速冷却 UFC（ultra fast cooling）技术。

1.4 超快速冷却技术的研究现状和发展趋势

轧后加速冷却作为提高钢铁材料性能和实现钢种开发的重要工艺手段，在钢铁生产中发挥着重要作用。目前，随着先进钢铁材料的开发研究，为了获得所需要的微观组织形态，要求实现快速有效的轧后冷却，使得钢材冷却过程中的温度控制要求更趋于严格[60,61]。但是现有轧线冷却能力不足经常制约着一些有特殊冷却要求的钢材的轧制生产节奏。因此，超快速冷却 UFC 技术由于其短时快速准确控温的特点受到国内外广泛的关注，在热轧工艺过程中常与缓冷技术相配合使用，以开发新的钢种，同时提高产品的力学性能。通过在粗轧和精轧机组之间或者精轧机组后设置 UFC 系统，可以对轧制过程中温度和终轧温度进行精确控制[62~67]。利用这项技术可以获得具有优良性能、节省资源和能源、利于循环利用的钢铁材料。

1.4.1　超快速冷却工艺特征

1.4.1.1　高速连轧的温度制度

超快速冷却技术采用适宜的正常轧制温度进行连续的大变形，在轧制温度制度上不再坚持“低温轧制原则”。所以与“低温轧制”过程相比，其轧制负荷（包括轧制力和电机电流）可以大幅度降低，设备条件的限制可以大为放松。轧机等轧制设备的建设不必追求高强化，所以建设投资可以大幅度降低。适宜的轧制温度，大大提高了轧制的可操作性，同时也延长了轧辊、导卫等轧制工具的寿命[68]。这对于提高产量、降低成本是十分有利的。

超快速冷却技术使得一些原来需要在粗轧和精轧之间实施待温的材料，有可能通过超快速冷却的实施而不再需要待温，这对于提高生产效率具有重要的意义。

1.4.1.2　精细控制的、均匀化的超快速冷却

轧后钢材由终轧温度急速快冷，经过一系列精细控制的、均匀化的超快速冷却，在轧件温度达到动态相变点后，立即停止超快速冷却。所以，这种超快速冷却不同于淬火，准确的超快冷却停止温度是十分重要的。采用高冷却速率时，会由钢材冷却不均造成混晶组织的出现，这是长期以来未能很好解决的问题。所以超快速冷却技术至少应当具有下面两个特点：（1）具有超快速冷却能力，即其冷却速度可以达到水冷的极限速度；（2）可以实现高精度的冷却终止温度控制。这就对超快速冷却设备提出了更高的要求。

1.4.2　超快速冷却工艺的应用

UFC 是近年来国外开发成功的一种新型冷却装置，其具有占地面积少、

用水量少、冷却强度大（冷却速度可达到400℃/s以上）的特点，其冷却效率比传统的层流冷却、喷水冷却、落水冷却等具有突破性的提高，能充分地满足不同形状钢材热轧后不同冷却强度的需要。

1.4.2.1 超快速冷却工艺在带钢生产中的应用

对于带钢的超快速冷却，目前UFC结合现有层流冷却系统，根据所需带钢组织性能的不同，通过不同的布置形式，已用于国外传统和薄板坯连铸连轧（CSP）热轧带钢机组，而国内应用UFC的实例还很少。目前世界上已有多种超快冷却系统，但系统组成基本相同，一般包括：高位水箱、集管组、挡辊（压辊、夹送辊）、侧喷嘴、端喷嘴、卷取机前的气墙和冷却辊道几部分。一般冷却区长仅为5～10m，约为层冷区的1/10。

在国外，比利时的CRM率先开发了超快速冷却(UFC)系统[69]，可以对4mm的热轧带钢实现400℃/s的超快速冷却。

日本的JFE-福山厂开发的Super OLACH系统[70]，可以对3mm的热轧带钢实现700℃/s的超快速冷却。

在国内，2006年东北大学轧制技术及连轧自动化国家重点实验室(RAL)与包钢CSP厂合作，实施应用专利技术“一种用于热轧带钢生产线的冷却装置”，即“超快冷”装置[71]，建成国内第一套用于热轧带钢生产线的“超快冷”系统[72]。2007年，东大RAL与包钢CSP厂合作，利用“超快冷”系统及原有层流冷却系统，根据车轮制造厂家提出的规格要求，开发出厚度为4～11mm的590MPa级低成本的C-Mn系热轧双相钢产品，供应汽车厂生产车轮[73,74]。

“超快冷”系统的主要参数为：外形尺寸（长×宽×高）7500mm×1600mm×550mm，冷却介质为浊环水，工作流量1200m^3/h，冷却范围1000～100℃，厚度为4mm时最大冷却能力为350℃/s。该“超快冷”系统的工作流量仅为1200m^3/h，表明其冷却效率较高。超快速冷却装置通过减小出水口口径、增加水压，以保证得到足够的能量和冲击力来击破水膜，达到提高冷却强度的目的[75～79]。图1-3所示为UFC密集水流击破汽膜示意图。

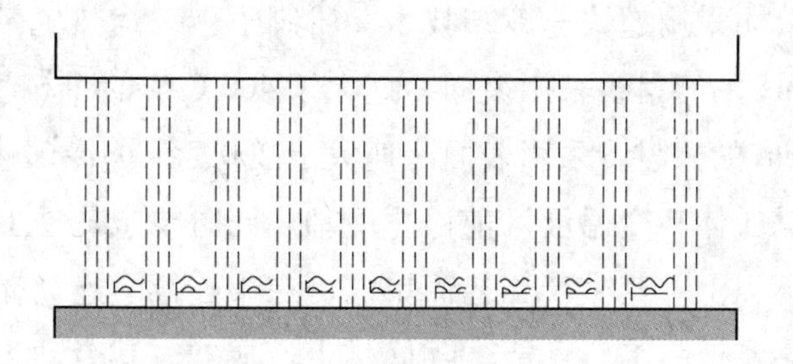

图 1-3 UFC 密集水流击破汽膜示意图

1.4.2.2 超快速冷却工艺在棒材生产中的应用

针对棒材断面尺寸大、冷却困难等问题，RAL 开发了棒材超快速冷却系统并应用于萍乡、三明等钢厂，通过超快速冷却得到了性能优良的棒材[80]。

超快速冷却装置由多个冷却水箱组成，各水箱内又由多组平行及串联的新型冷却管组成，包括正喷冷却水管、反喷水管、高压空气风管。采用圆环喷射式冷却装置进行冷却，水箱中的冷却管和反水管靠调整环缝尺寸来控制进水量。进入冷却器中的水经环形喷头以高速沿着钢筋前进的方向定向喷射。当棒材相继通过冷却管时，高雷诺系数的水流可迅速击破棒材表面的汽膜实现超快速冷却，超快速冷却速度可达到 400 ~ 1000℃/s。同时，该装置中冷却水箱之间留有一定间距，利于棒材断面冷却趋于均匀，不易发生各类堆钢事故，具备工艺参数调整灵活、快捷等优点。图 1-4 所示是棒材超快速冷却示意图。

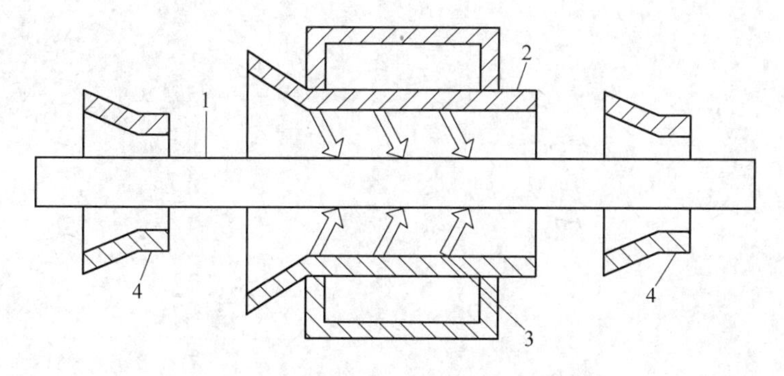

图 1-4 棒材超快速冷却示意图

1—棒材；2—冷却管；3—喷射孔；4—导向管

萍乡钢铁公司采用超快速冷却技术，研制了新一代热轧带肋钢筋。对于规格为 $\phi<20$mm 的棒材，采用表面冷速大于 400℃/s 的冷却速度冷却，对于规格为 $\phi\geqslant20$mm 的棒材，采用表面冷速大于 200℃/s 的冷却速度冷却，在轧件温度降低到马氏体转变温度区前停止冷却，同时要求轧件上冷床后的温度处于再结晶温度以上。其生产工艺简单，可在半连续、连续棒线轧机上全面推广应用。提高了产品综合性能，降低了生产成本，其劳动生产率也得到极大提高，为萍钢带来巨大的经济效益。

超快速冷却技术工艺是一项节约合金、简化生产工序、能开发新品种、降低能耗的先进技术，它能通过工艺手段充分挖掘钢材潜力，大幅度提高钢材的综合性能，将会给企业和社会带来巨大的经济效益。

2 轴承钢连续冷却过程中的相变研究

轴承钢的组织转变是轴承钢物理冶金理论的重要内容之一，对制定轴承钢的热处理工艺具有决定性的指导作用[82]。在钢的组织与性能之中，虽然加热时的奥氏体状态具有重要意义，但是不同变形和不同冷却条件下的奥氏体转变过程及其形成的组织则更具有决定性作用。连续冷却转变曲线图，又称CCT曲线图，有时也称为过冷奥氏体转变动力学曲线，它系统地表示了连续冷却速度对转变开始点、相变进行速度和组织的影响情况，是制定热轧工艺的重要依据，一般的热处理、形变热处理、热轧材的控制冷却等生产工艺都是在连续冷却的状态下发生的相变[83]。因此根据连续冷却转变曲线可以选择恰当的工艺参数，从而得到理想的组织性能。CCT曲线与实际生产条件很相似，因此CCT曲线对制定轴承钢的控轧控冷工艺参数具有重要参考价值。

关于GCr15轴承钢CCT曲线的研究，前人已经做了很多工作。但是在工业生产中，随着轴承钢棒材终轧温度的提高，要想抑制网状碳化物的析出，得到理想的组织性能，控制热轧后冷却速度的问题尤为重要。以往的研究工作中，工作的重点都放在低温变形上，在针对不同工艺参数对二次碳化物析出曲线影响的理论分析中，设定的连续冷却速度也较小（≤2℃/s），这给进一步分析二次碳化物的析出带来了局限，而且在关于二次碳化物析出临界冷却速度的确定上也没有一个统一的定论。因此在本研究中，利用实验室自主研发的MMS-300热力模拟试验机，设定连续冷却速度为0.5～200℃/s，测定其在不同变形量、不同变形温度条件下的CCT曲线，并着重对连续冷却过程中不同工艺参数（连续冷却速度、变形温度、变形量）对二次碳化物的析出和珠光体转变的影响进行分析，确定连续冷却过程中抑制二次碳化物析出的临界冷却速度、完全发生珠光体转变的温度范围以及所需要的时间，为制定合理的GCr15轴承钢控轧控冷工艺进而为得到理想的组织性能提供理论依据。

2.1 实验方法

2.1.1 实验材料与设备

实验所用材料为国内某特殊钢厂生产的 ϕ30mm 轴承钢棒材，化学成分如表 2-1 所示。ϕ30mm 棒材经过线切割制作成 ϕ8mm × 15mm 圆棒，用于热模拟试验。实验钢连续冷却转变曲线的测定是在东北大学轧制技术及连轧自动化国家重点实验室（RAL）的 Gleeble1500 热模拟实验机以及实验室自主研发的 MMS－300 多功能热力模拟实验机上通过热膨胀法进行的，试样两端涂抹石墨粉，以减少端部摩擦所造成的鼓肚效应。

表 2-1 GCr15 的化学成分（质量分数） （%）

C	Si	Mn	P	S	Cr	Ni	Cu	Mo	Ti	Al
1.02	0.32	0.34	0.009	0.003	1.49	0.07	0.15	0.02	0.0017	0.005

热模拟膨胀法是测定 CCT 曲线的一种较为常用的方法[84]。我们所使用的设备上配备有控制不同冷却速度的装置和快速测量并同时记录温度、长度和时间三参数的自动记录仪器。将 ϕ8mm × 15mm 圆棒试样用热电偶焊机把极性不同的两只电偶焊在试样中间并夹入膨胀仪中，将试样安放在横向应变传感器上，如图 2-1 所示。在连续冷却过程中，通过自动记录仪将不同冷却速度条件下，试样的伸长-时间曲线和温度-时间曲线同时记录下来，而后将它们转变为冷却过程中的膨胀量-温度冷缩曲线，如图 2-2 所示。按照切线法取膨胀曲线直线部分的延长线与曲线部分的分离点作为相变温度点。由于切线法确定相变温度点有一定的随意性，因此在实验中测量多个试样并取平均值。

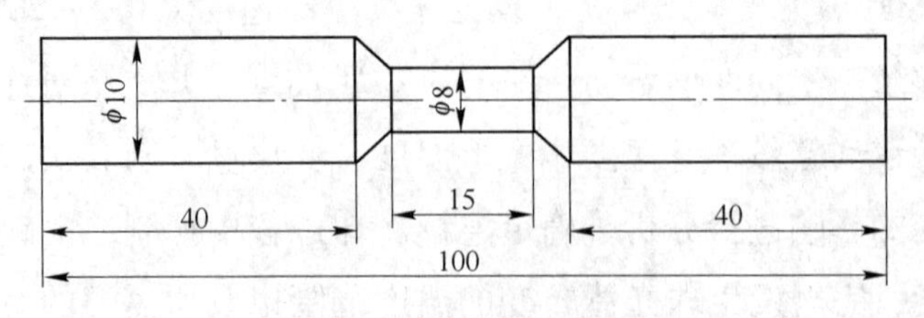

图 2-1 热模拟实验示意图

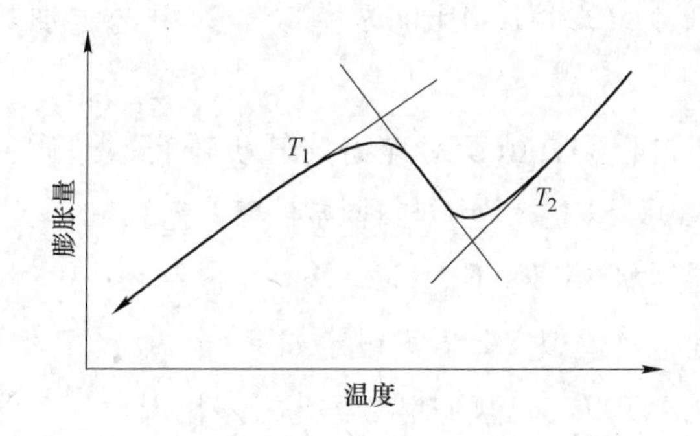

图 2-2 连续冷却时的膨胀量-温度曲线

以温度为纵坐标，时间对数为横坐标，将相同性质的相变点连接成曲线并标明最终组织，就得到实验钢最终的 CCT 曲线。

热模拟实验后，将试样沿横向在靠近热电偶焊点处剖开，磨抛后采用 4% 硝酸酒精溶液腐蚀制成金相试样，组织观察在 LEICA DMIRM 多功能金相显微镜和 FEI-Quanta 6000 扫描电镜（SEM）上进行。通过美国 FEI 公司生产的 TECNAI-G2. 20 透射电子显微镜（TEM）进行高倍组织观察和选区电子衍射，采用 EDAX9100 型能谱分析仪进行元素含量测定。TEM 试样箔片采用 10% 高氯酸 + 酒精配制的双喷液，通过液氮制冷至 -25℃ 左右后，在电压为 40V、电流为 30mA 的条件下进行双喷制得。显微硬度测试在 FM-700 显微硬度测试仪上进行。为了对二次碳化物的组织进行准确分析，其中网状碳化物级别的测定是通过淬回火后，按照 GB/T 18254—2002 进行评定的，二次碳化物的厚度通过透射电镜分析和图像分析仪进行测定。珠光体片层间距的测量在扫描电镜条件下进行，测量过程中每个工艺参数试样随机观察 20 个视场，在每个视场选取 5 组典型珠光体片层进行珠光体片层间距 d_0 的测量，然后求出珠光体片层间距平均值 d_1，根据 $d = \pi d_1/4$ 计算珠光体片层间距真实值 d。

2.1.2 实验方案的制定

GCr15 轴承钢由于导热性能较差，因此生产工艺中在开坯或成材的轧前加热时速度不宜过快[85]。而且加热温度区间比较窄，通常在 1050 ~ 1200℃之间，因为温度过低时变形抗力比较大，而温度过高则会出现过热和过烧缺陷。

轴承钢的过烧温度为1220℃，因此热模拟实验中选定加热温度在1100～1180℃之间为宜。

在轴承钢生产过程中，由于对连铸连轧机进行改造后，轧制速度提高，终轧温度达到了980℃以上，为了与现场生产工艺相贴切，热模拟实验中设定其变形温度范围为980～800℃之间。

根据上述原则，热模拟实验方案设定如下：

首先，将试样以10℃/s速度加热至奥氏体化温度1100℃，保温300s后以10℃/s冷却速度冷却至不同的变形温度，进行不同变形量单道次压缩变形，然后分别以不同连续冷却速度0.5℃/s、1℃/s、2℃/s、3℃/s、4℃/s、5℃/s、8℃/s、10℃/s、20℃/s、40℃/s、200℃/s冷却至室温。其中变形温度分别为980℃、800℃，变形量分别为0、0.2%、0.4%、0.5%，变形速率为5/s，实验工艺如图2-3所示。通过计算机记录冷却过程中的温度变化曲线和膨胀量变化曲线。

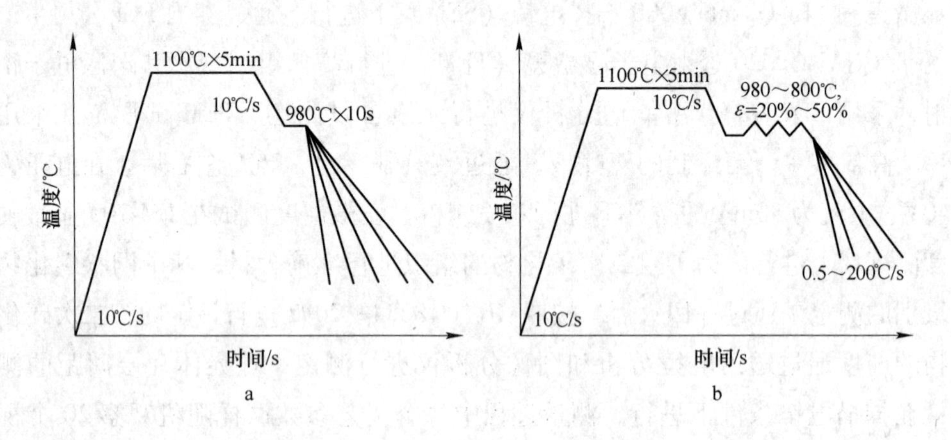

图2-3　测定CCT曲线的工艺示意图

a—静态奥氏体实验曲线；b—动态奥氏体实验曲线

2.2　实验结果与分析

2.2.1　不同变形量条件下CCT曲线

通过热膨胀方法对实验结果进行分析处理，得到GCr15轴承钢在980℃进行不同变形条件下的CCT曲线，如图2-4所示。

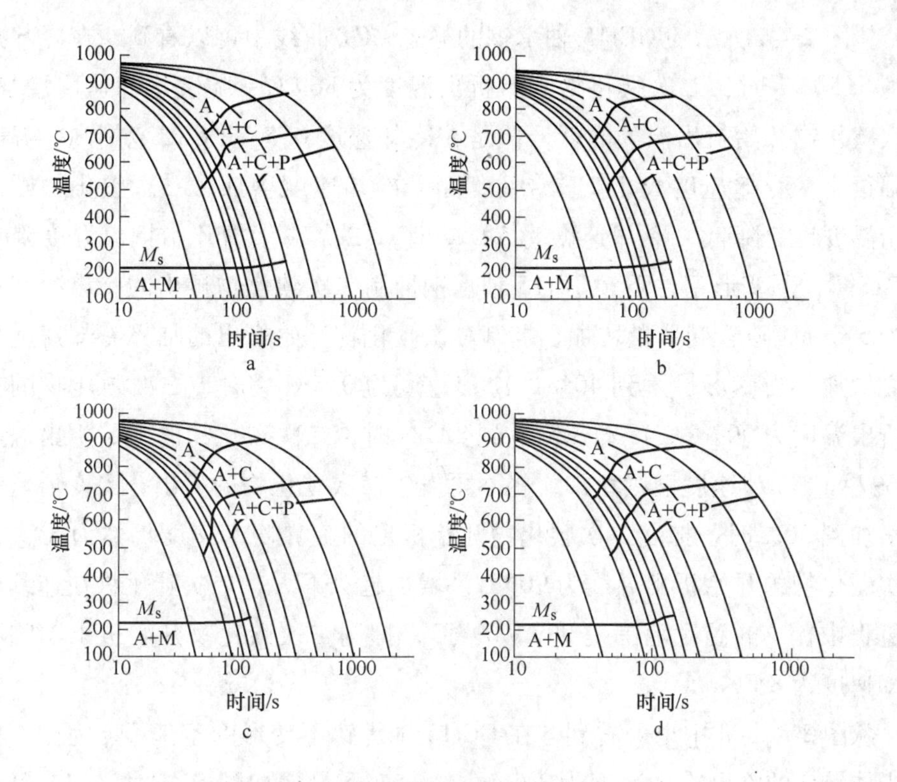

图 2-4 实验钢静态和动态 CCT 曲线

a—静态；b—$\varepsilon=20\%$；c—$\varepsilon=40\%$；d—$\varepsilon=50\%$

（从右至左：$v=0.5$℃/s、1℃/s、2℃/s、3℃/s、4℃/s、5℃/s、6℃/s、7℃/s、8℃/s、10℃/s、20℃/s）

从图 2-4a ~ d 中可以看到，由高温到低温其相变产物主要有二次碳化物、珠光体和马氏体，在从高温状态连续冷却过程中，面心立方晶格的奥氏体首先发生二次碳化物的析出，继续冷却至临界温度 A_1 时，由于富碳相析出后残余奥氏体中含碳量降低，将发生残余奥氏体分解成渗碳体和体心立方晶格铁素体两相的珠光体转变，最后温度降至马氏体开始转变温度 M_s 点发生马氏体转变。从图中可以看到，在冷却速度相对缓慢的条件下，低温马氏体转变曲线右侧发生抬高现象，马氏体转变温度有一定程度的提高。这是因为冷却速度缓慢，则在高温区有大量的二次碳化物析出，残余奥氏体中 C、Cr 含量减小，而 C、Cr 元素是稳定奥氏体相的元素[86]，这些元素含量的减小将提高残余奥氏体向马氏体转变的温度 M_s，加速了马氏体的转变，马氏体转变曲线向高温方向移动，右端升高。

从图2-4a所示的GCr15轴承钢的静态CCT曲线中可以看到，在冷却速度为0.5℃/s时，二次碳化物开始析出温度为869℃；随着冷却速度增加，二次碳化物开始析出温度降低，但是在冷却速度0.5~2℃/s范围内，温度降幅很小；冷却速度大于2℃/s后，随着冷却速度增加，二次碳化物开始析出温度迅速降低，冷却速度为5℃/s时，二次碳化物开始析出温度降低到718℃；不变形条件下，GCr15轴承钢抑制二次碳化物析出的临界冷却速度为5℃/s。随着变形量增加，抑制二次碳化物开始析出的临界冷却速度也随之增加。当变形量达到40%，冷却速度为0.5℃/s时，二次碳化物的开始析出温度为907℃，冷却速度达到8℃/s时，二次碳化物的开始析出温度为697℃，冷却速度继续增加，将不再发生二次碳化物的析出，当变形量继续增加到50%时，抑制二次碳化物开始析出的临界冷却速度仍然为8℃/s，二次碳化物的开始析出温度为909℃，增加趋势不大。二次碳化物在连续冷却过程中析出的温度范围是909~697℃，抑制二次碳化物开始析出的临界冷却速度为8℃/s。

从图2-4a~d中也可看到，在GCr15轴承钢不变形的条件下，完全发生珠光体转变的临界冷却速度为3℃/s，随着变形量增加到50%时，完全发生珠光体转变的临界冷却速度增大到5℃/s。连续冷却速度继续增加，残余奥氏体将保留到低温区域发生马氏体转变。而且热变形后随着连续冷却速度增加，珠光体转变温度呈现降低趋势。连续冷却速度在0.5~3℃/s范围内，随着冷却速度增加，珠光体开始转变温度降低趋势缓慢，随着冷却速度继续增加，珠光体开始转变温度急剧降低。变形量为40%，冷却速度为0.5℃/s时，珠光体开始转变温度是752℃，转变结束温度是689℃，随着连续冷却速度增加到10℃/s，珠光体开始转变温度降低到498℃。

2.2.2 不同工艺参数对二次碳化物析出的影响

GCr15轴承钢在热轧后的冷却过程中所形成的二次碳化物，多为沿晶界而形成的断续或连续的网状分布，在随后的球化退火过程中，二次碳化物网络在一些地方会发生“溶断”，另一些地方会以“吞并”邻近小质点的方式聚集、长大，经最终热处理之后呈现出碳化物网状组织。由于网状二次碳化物的存在是一种缺陷组织，在冶金行业对其级别有严格限制。我国在轴承钢生产过程中，虽然已经引进了很多先进生产设备，并进行了连铸连轧生产，而且提出采取控温轧制和轧后快冷，但是关于轴承钢网状碳化物的析出问题，仍然没有得到较好的解决。而以往的研究工作中对二次碳化物析出的理论分析又局限在低温变形和较小的连续冷却速度范围内，因此在下面的研究中，我们将对连续冷却速度在0.5~200℃/s条件下，不同工艺参数对二次碳化物的析出影响进行更加深入的理论研究，为得到改善和控制碳化物网状级别的新工艺提供理论依据。

2.2.2.1 冷却速度对二次碳化物析出的影响

通过前面关于CCT曲线的分析中已经知道，GCr15轴承钢在不同条件下变形后，随着连续冷却速度增加，二次碳化物开始析出温度降低，冷却速度越大，则其降低趋势越明显。为了准确地分析不同冷却速度对二次碳化物析出的影响，对热变形后以不同冷却速度连续冷却到室温后的组织进行淬回火实验，并运用4%的硝酸酒精溶液进行深腐蚀，挑选网状碳化物最严重区域，按照GB/T 18254—2002进行网状评级。图2-5所示是GCr15在980℃经过40%变形后，以不同冷却速度连续冷却到室温并进行淬回火后二次碳化物组织，如表2-2所示是不同冷却速度条件下所对应的二次碳化物网状级别。

表2-2 不同冷却速度条件下网状碳化物的级别

冷却速度/℃ · s^{-1}	0.5	1	2	5	8	10
网状级别	5	5	4	3	2	1

从图2-5中可以看到，实验钢经淬回火后深腐蚀，其组织主要为黑色回火马氏体基体组织和其上分布的白色二次碳化物。随着冷却速度的变化，其基体上分布的白色碳化物的数量和形状也发生变化。热变形后以0.5℃/s连续冷却到室温，二次碳化物呈现紧密的网状分布，网状级别为5级；随着冷却速度增加，二次碳化物析出量减少，网状趋势减弱，冷却速度达到5℃/s时，二次碳化物大部分呈短条状分布，但也有少量条状二次碳化物呈现断续的半网状分布，评定级别为3级，冷却速度进一步增大达到8℃/s时，二次碳化物呈现少量点条状分布，看不到网状结构，网状级别为2级，达到标准；连续冷却速度为10℃/s时，二次碳化物弥散分布，网状级别达到1级。

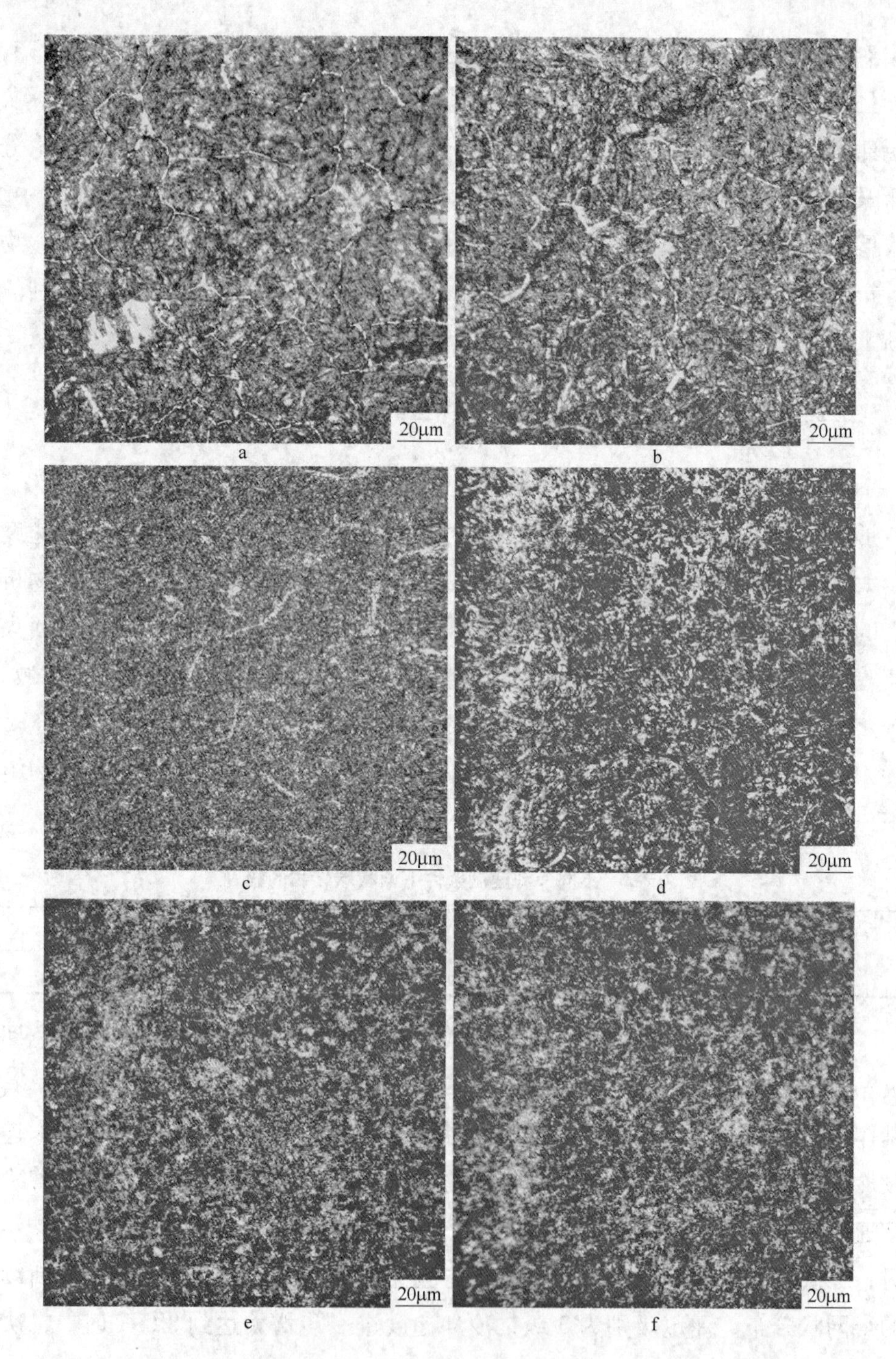

图 2-5 不同冷却速度冷却到室温并淬回火后的深腐蚀组织

a—v = 0.5℃/s；b—v = 1℃/s；c—v = 2℃/s；d—v = 5℃/s；e—v = 8℃/s；f—v = 10℃/s

图 2-5 中的碳化物网状照片是通过将已经冷却到室温后的试样进行淬回火处理，并深腐蚀得到的，因此可以表征奥氏体实际晶粒度的大小，即在某一具体热加工条件下所得奥氏体实际晶粒的大小。因此从图 2-5 中可以看到，GCr15 轴承钢热轧后，随着冷却速度增大，奥氏体实际晶粒尺寸减小。奥氏体晶粒的大小对冷却转变后钢的组织和性能也将产生很大影响，关于这点在后面的分析中将会提到。

图 2-6 所示是 GCr15 轴承钢在 980℃ 经过变形量为 40% 的变形后，以 1℃/s 的冷却速度连续冷却到室温后典型晶界处的二次碳化物形貌及其电子衍射斑点，在透射条件下对二次碳化物组织进行深入的研究。

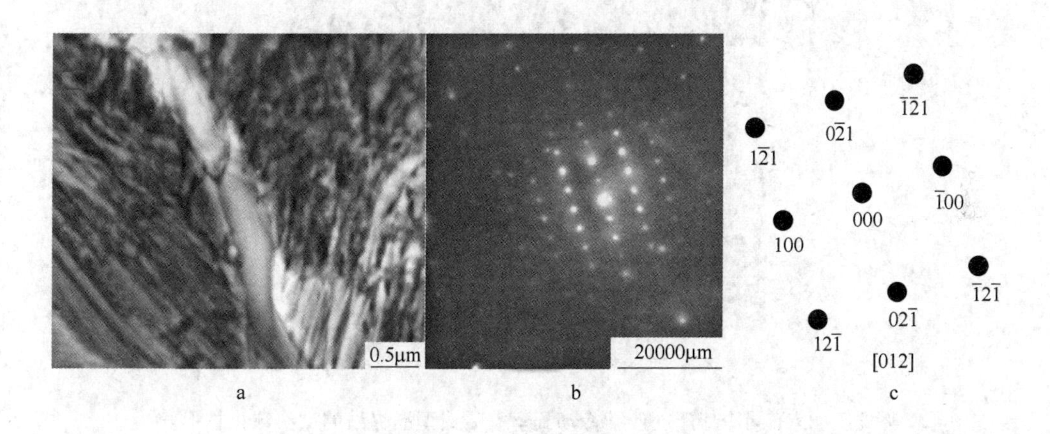

图 2-6 以 $v=1$℃/s 连续冷却到室温后透射形貌

a—二次碳化物形貌；b—电子衍射花样；c—示意图

从图 2-6 中可以看到，GCr15 轴承钢以 1℃/s 的冷却速度连续冷却到室温，在晶界处可以看到明显的粗大白色二次碳化物析出，二次碳化物呈现骨骼状形貌，其厚度为 0.51μm。其单晶衍射花样由排列的十分整齐的许多斑点所组成，对其进行电子衍射斑点标定分析得到结论[87]，晶界处的二次碳化物为正交渗碳体型碳化物（Fe，Cr）$_3$C，二次碳化物在晶界面处形核长大。

图 2-7 和图 2-8 所示分别是 GCr15 钢热变形后以不同冷却速度连续冷却到室温后典型晶界处的二次碳化物形貌和冷却速度与二次碳化物厚度之间的关系图。

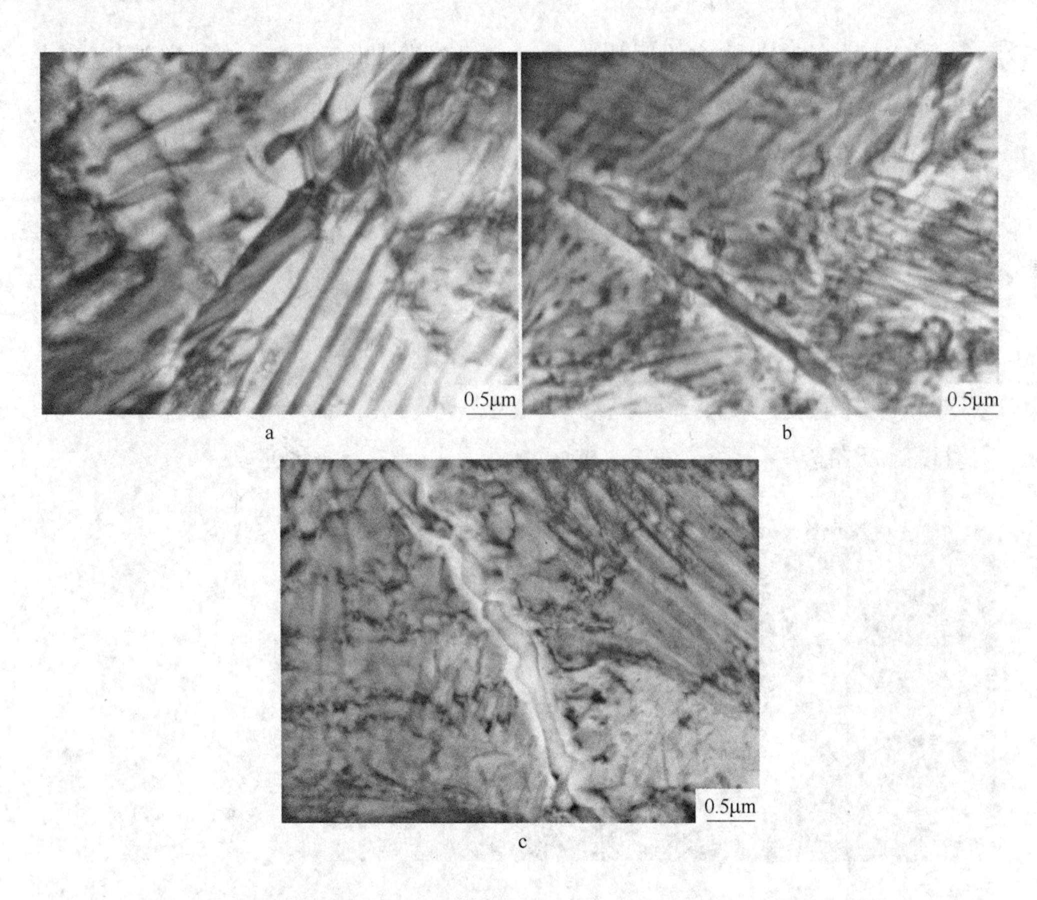

图 2-7 以不同冷却速度连续冷却到室温后典型晶界处的二次碳化物形貌

a—$v=2$℃/s；b—$v=5$℃/s；c—$v=8$℃/s

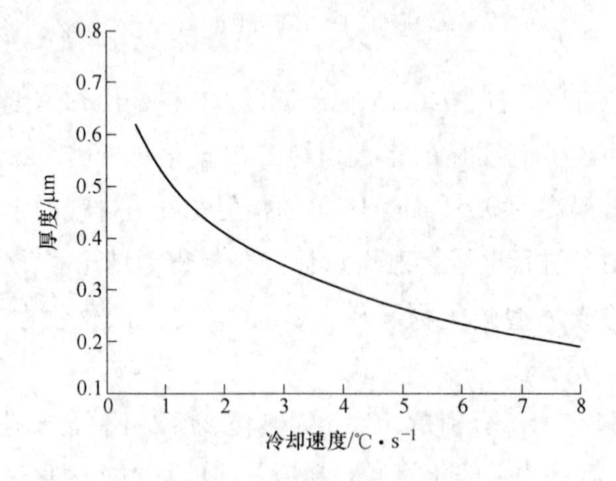

图 2-8 连续冷却过程中冷速与二次碳化物厚度的关系图

从图 2-8 中可以看到，热变形后，随着冷却速度增大，二次碳化物厚度减小。冷却速度为 2℃/s 时，在晶界处仍然能够看到完整的骨骼状二次碳化物，二次碳化物的厚度为 0.42μm。冷却速度增大到 8℃/s 时，虽然晶界处仍然有二次碳化物析出，但是从图 2-7c 中可以看到，二次碳化物已经不再是完整连续的骨骼状分布，而是发生断裂，呈现点条状分布，二次碳化物的厚度为 0.19μm。

从上面的分析中可以看到，二次碳化物的厚度和分布形态与连续冷却速度有着密切的联系。GCr15 轴承钢自奥氏体区连续冷却过程中，由于 C 含量较高，随着温度降低，C 从过饱和奥氏体中析出，形成富铬的碳化物，即首先从奥氏体中析出先共析二次碳化物。从图 2-6a 中可以看到，这种二次碳化物一般会优先在晶界上以仿晶界型网状形式排列形核长大[88]。二次碳化物的析出主要取决于冷却速度，其析出的数量不仅与碳在奥氏体中的过饱和度有关，而且与碳化物形成元素在奥氏体中的的扩散条件也具有一定的关系。

为了对晶界处二次碳化物组织进行深入分析，实验中对热变形后不同冷却速度连续冷却到室温后组织在透射条件下进行能谱分析，如图 2-9、图 2-10 所示，分别是对图 2-6a、图 2-7b 组织中晶界处二次碳化物和基体处所进行的

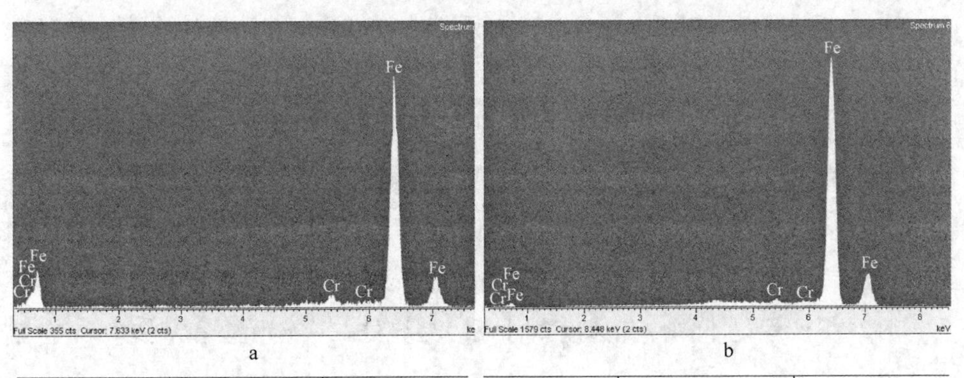

元素	质量分数/%	原子分数/%
Cr K	4.09	4.38
Fe K	95.91	95.62
合计	100.00	

元素	质量分数/%	原子分数/%
Cr K	1.55	1.66
Fe K	98.45	98.34
合计	100.00	

图 2-9 以 $v=1$℃/s 连续冷却到室温后能谱分析

a—晶界处二次碳化物；b—基体上珠光体结构

点能谱分析。通过能谱分析不同冷却速度与二次碳化物和基体中合金元素关系[89]。因为在现有设备条件下关于碳含量的测定存在很大误差，因此在这里面不对碳含量进行分析，仅对 Fe、Cr 元素含量进行测定。

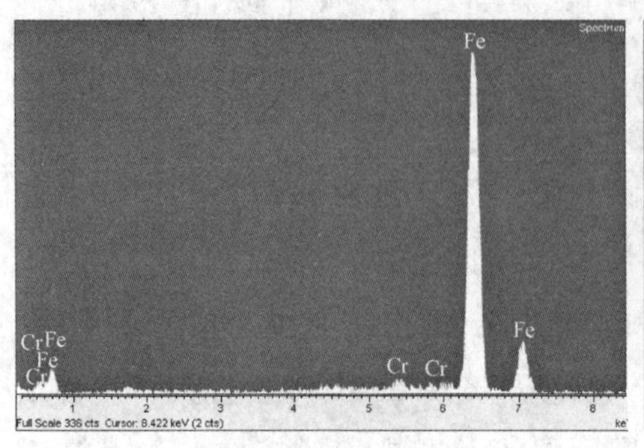

a

元素	质量分数/%	原子分数/%
Cr K	1.90	2.04
Fe K	98.10	97.96
合计	100.00	

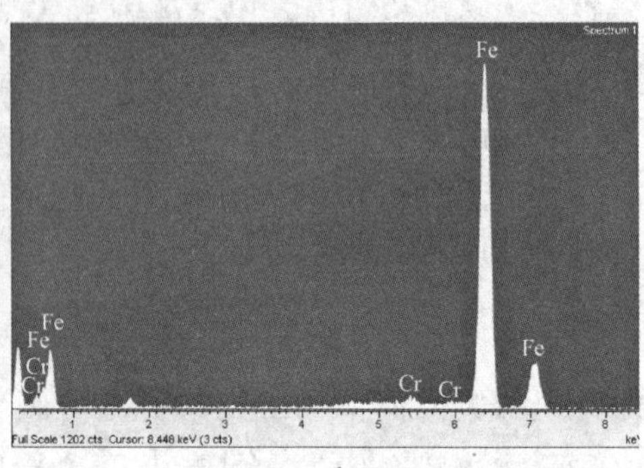

b

元素	质量分数/%	原子分数/%
Cr K	1.62	1.73
Fe K	98.38	98.27
合计	100.00	

图 2-10 以 $v=5$℃/s 连续冷却到室温后能谱分析

a—晶界处二次碳化物；b—基体上珠光体结构

通过能谱分析可以看到，GCr15 轴承钢在 980℃热变形后的连续冷却过程中，以 1℃/s 连续冷却到室温，晶界处二次碳化物中 Cr 含量为 4.09%，基体内 Cr 含量为 1.55%，二次碳化物中 Cr 含量比钢种和基体组织中含量要显著提高。随着连续冷却速度增加到 5℃/s，晶界处虽然仍然有二次碳化物的析出，但是晶界处二次碳化物中 Cr 含量降低到了 1.90%，基体内 Cr 含量增加到 1.62%。二次碳化物和基体组织中的元素组成与冷却速度具有密切的联系。图 2-11 所示是不同冷却速度条件下，晶界处二次碳化物和基体中 Cr 含量变化图。

从图 2-11 中可以看到，随着连续冷却速度的增加，晶界处二次碳化物中 Cr 含量减少的同时，基体内 Cr 含量呈现增大趋势。冷却速度缓慢时，晶界处 Cr 含量明显高于基体组织中 Cr 含量。当连续冷却速度增加到 8℃/s 时，晶界处二次碳化物中 Cr 含量减小到 1.70%，与晶内基体中 Cr 含量相差甚微。

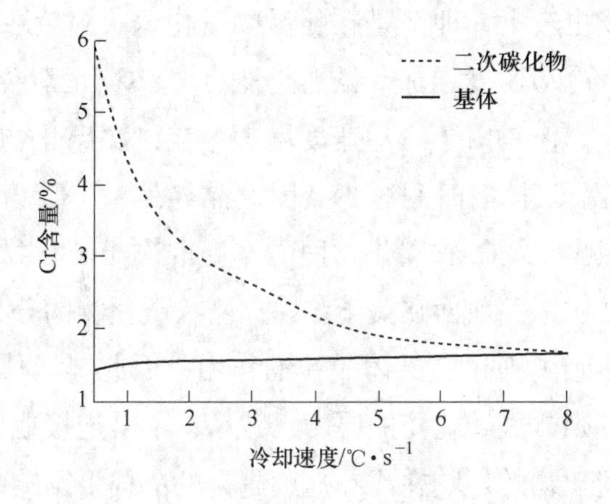

图 2-11 不同冷速条件下 Cr 含量变化

轴承钢中的铬是碳化物形成元素，在过共析钢中不仅会显著改变钢中的碳化物形态、颗粒大小，而且还将置换铁形成铬的合金渗碳体。以往的资料中曾经对铁中的各种元素的扩散速度做过如下探讨[90]。以各元素的扩散常数为 D，单位时间通过 S 面积扩散的原子量为 $\mathrm{d}m/\mathrm{d}t$，这个区域的浓度梯度为 $\mathrm{d}c/\mathrm{d}x$ 时，有：

$$\mathrm{d}m/\mathrm{d}t = DS\mathrm{d}c/\mathrm{d}x \tag{2-1}$$

绝对温度为 T，气体常数为 R，扩散活化能为 Q，使用常数 D_0 时候，扩散常数 D 为：

$$D = D_0 \mathrm{e}^{-Q/(RT)} \tag{2-2}$$

由上述公式可知，扩散常数是温度倒数的指数函数，温度对元素扩散能力的影响远大于时间的影响。由此可知，轴承钢中 C、Cr 等元素的扩散受温度影响很大。这些元素沿奥氏体晶界的扩散速度远远大于晶内扩散速度（相差 $10^2 \sim 10^3$ 倍），这也是二次碳化物多沿晶界析出，从而形成断续或者连续的网络状组织的原因。而且 Cr 元素的扩散系数比碳要小 4 ~ 5 个数量级，比碳扩散困难，因此我们可以认为，Cr 浓度高的地方 C 浓度也高。

在连续冷却过程中，当冷却速度缓慢时，由于晶界处缺陷多，C、Cr 等碳化物形成元素在缓慢冷却过程中首先扩散到晶界处，在晶界处聚集长大并置换铁形成 Cr 的合金碳化物，这些合金碳化物大量析出并连接成骨骼状紧密网状组织，形成网状碳化物。因此晶界处 Cr 含量明显高于基体组织中含量，并导致碳化物厚度也较大，即使是在随后的球化退火过程中，这种网状组织也不易消除。随着冷却速度增加，虽然仍然有 C、Cr 元素会向晶界处扩散并在晶界处聚集长大，但是由于冷却速度增大，在二次碳化物析出区停留时间减小，C、Cr 在高温区扩散时间减少，因此晶界处 C、Cr 含量减小，析出的二次碳化物数量减少。而二次碳化物网的厚度取决于碳化物析出的数量与奥氏体晶粒表面积之比。而前面在关于淬回火网状碳化物的分析中已经提到了，加快冷却速度也达到了细化奥氏体晶粒的作用，因此奥氏体晶粒细化，奥氏体晶界面积增多，则二次碳化物的厚度也减小，不易连接成紧密的网状结构。冷却速度对二次碳化物的影响在冷却速度越大的前提下影响越显著。

因此，冷却速度对 GCr15 轴承钢晶界处二次碳化物的析出温度、形貌以及其中的元素含量具有重要影响。热轧后随着连续冷却速度增大，二次碳化物开始析出温度降低，晶界处二次碳化物由紧密的网状结构逐渐转变为半网状、短条状，晶界处二次碳化物厚度和二次碳化物中的 C、Cr 含量随着冷却速度增加而呈现减小趋势。连续冷却过程中抑制二次碳化物网状析出的临界冷却速度为 8℃/s。

2.2.2.2 变形量对二次碳化物析出的影响

图 2-12 所示是 GCr15 轴承钢在 980℃经过不同变形量变形条件下，连续

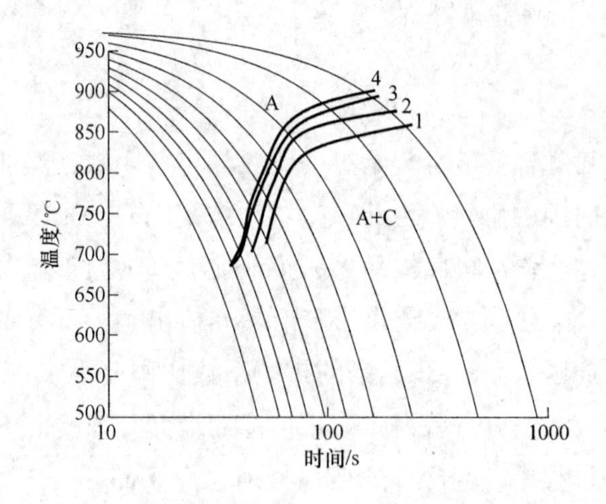

图 2-12 不同变形条件下实验钢二次碳化物析出曲线

1—无变形；2—变形量 20%；3—变形量 40%；4—变形量 50%

（从右至左：v = 0.5℃/s、1℃/s、2℃/s、3℃/s、5℃/s、8℃/s、10℃/s、20℃/s、30℃/s、50℃/s）

冷却过程中的二次碳化物析出曲线。

从图2-12中可以看到，变形促进了二次碳化物的析出。随着变形量增加，二次碳化物开始析出曲线向上移动，二次碳化物开始析出温度升高。GCr15轴承钢在980℃不变形条件下以0.5℃/s冷却速度连续冷却到室温，二次碳化物开始析出温度是869℃，随着变形量增加到20%，二次碳化物开始析出温度增加到895℃。变形量继续增加，当变形量达到40%，冷却速度为0.5℃/s时，二次碳化物的开始析出温度为907℃。变形量继续增加，二次碳化物开始析出温度为909℃，升高趋势变缓。冷却速度在0.5~2℃/s范围内，冷却速度变化对二次碳化物开始析出温度变化的影响不大，变形量变化对其析出的影响占主导地位；冷却速度在3~8℃/s范围时，二次碳化物开始析出温度随着冷却速度增加呈现明显下降趋势，但是随着变形量从20%增加到50%，二次碳化物析出温度变化较小，变形量的变化对二次碳化物开始析出温度的影响趋势减弱。

这是因为随着对奥氏体进行变形过程中变形量的增加，晶体点阵畸变和位错密度增高，有利于C和Fe原子的扩散及晶体点阵重构，随着变形量增大，变形后奥氏体的再结晶百分数增加，晶粒平均弦长减小，而且大变形量也增加了奥氏体晶粒的“碎化”程度，形成附加界面，促进了二次碳化物的形核和长大，加速二次碳化物的析出，而且高温变形也对轴承钢产生一定的变形诱导析出作用，也同时达到了提高二次碳化物析出温度的作用[91]。因此在冷却速度相对缓慢的条件下（≤2℃/s），二次碳化物开始析出温度较高，则变形对其析出的影响占主导地位；而随着冷却速度增加（>2℃/s），其开始析出温度降低较大，冷却速度变化对二次碳化物析出的影响占主导地位。

图2-13所示是GCr15轴承钢在980℃经过不同变形量变形后，以相同冷却速度1℃/s连续冷却到室温后典型晶界处二次碳化物的透射形貌。

从图2-13中可以看到，GCr15轴承钢经过不同变形量变形后，以1℃/s冷却速度连续冷却到室温的条件下，在晶界处均有连续的骨骼状二次碳化物析出，变形量为20%时，二次碳化物厚度为0.53μm，变形量为40%时，二次碳化物厚度为0.51μm，变形量对二次碳化物厚度变化并没有太大影响。二次碳化物的厚度主要受连续冷却过程中冷却速度的影响，而变形量的变化仅

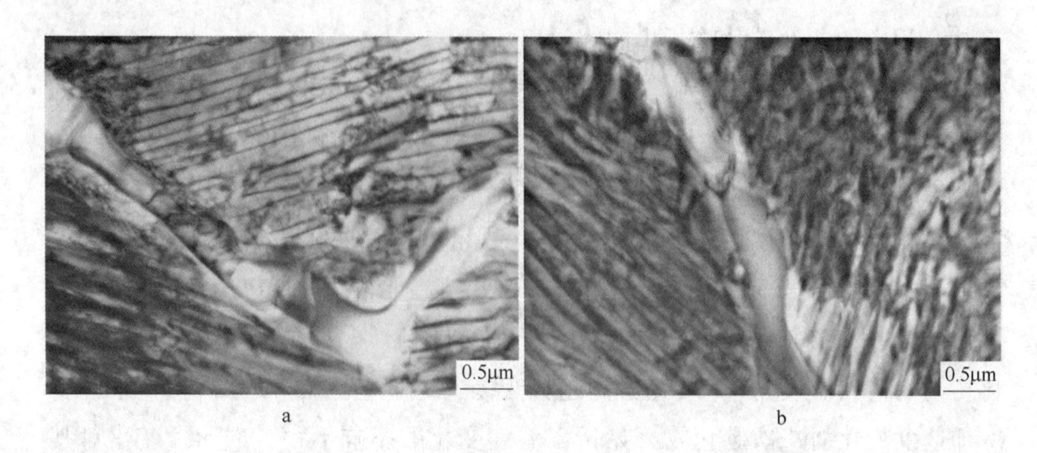

图 2-13 不同变形量条件下二次碳化物形貌

a—$\varepsilon = 20\%$；b—$\varepsilon = 40\%$

对二次碳化物的开始析出温度产生一定影响。

2.2.2.3 变形温度对二次碳化物析出的影响

图 2-14 所示是 GCr15 轴承钢的不同变形温度对二次碳化物开始析出曲线的影响，其变形量均为 40%。图 2-15 所示是分别在不同变形温度 980℃ 和 800℃ 变形 40% 的条件下，以 1℃/s 冷却速度连续冷却到室温后的显微组织。

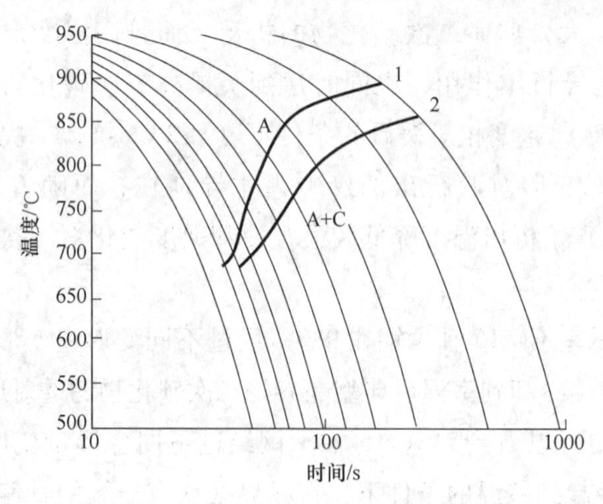

图 2-14 不同温度变形条件下二次碳化物的析出曲线

1—980℃变形；2—800℃变形

（从右至左：v=0.5℃/s、1℃/s、2℃/s、3℃/s、5℃/s、8℃/s、10℃/s、20℃/s、30℃/s、50℃/s）

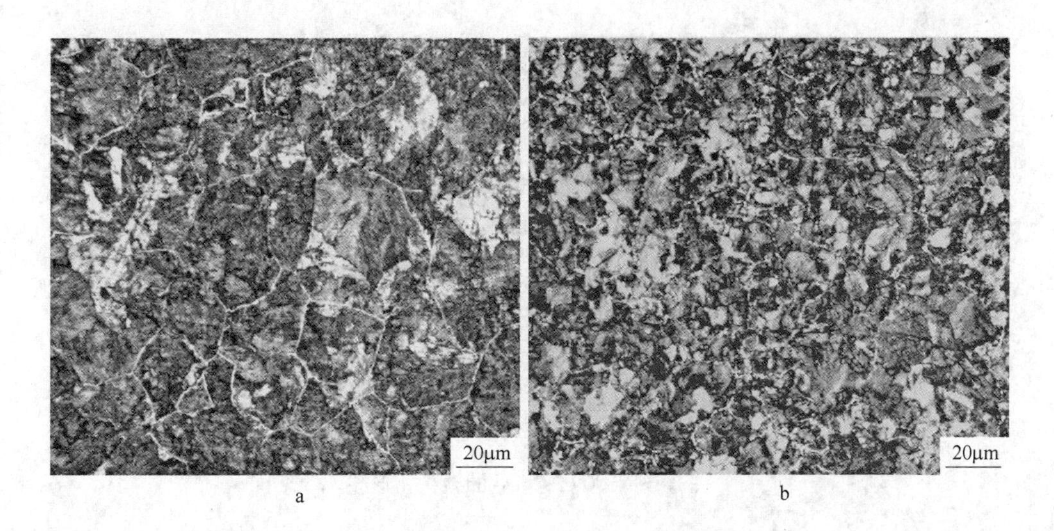

图 2-15 不同温度变形后 GCr15 的室温显微组织

a—980℃；b—800℃

从图 2-14 中可以看到，GCr15 轴承钢在不同温度热变形后冷却过程中，随着变形温度的提高，二次碳化物开始析出温度提高，变形温度为 980℃时，二次碳化物开始析出温度最高为 907℃，随着变形温度降低到 800℃，二次碳化物开始析出温度为 857℃。

图 2-15 是曲线所对应的室温显微组织。从图中可以看到，在不同温度变形条件下，以 1℃/s 冷却速度冷却到室温过程中，其晶界处均有网状结构的二次碳化物析出。但是随着变形温度降低到 800℃，从图 2-15b 中可以看到，晶界处二次碳化物呈现断裂的网状分布，网状结构不连续，为了进一步对二次碳化物形貌进行分析，对上述试样进行透射电镜分析，图 2-16 所示为图 2-15b 相对应的组织中晶界处的透射形貌。

将图 2-16 中的碳化物形貌与图 2-13b（980 变形 40% 后以 1℃/s 连续冷却到室温后碳化物透射形貌）相比较可以看到，变形温度为 800℃，晶界处仍然有二次碳化物析出，但可以明显地看到晶界处碳化物发生了一定程度的碎断，呈现点条状分布。

下面，我们从两个角度分析变形温度对二次碳化物析出的影响作用。一是，当变形发生在高温奥氏体单相区时，则变形诱导析出作用更加明显，这将促进晶界处二次碳化物的大量析出，因此从图 2-14 中可以看到，二次碳化

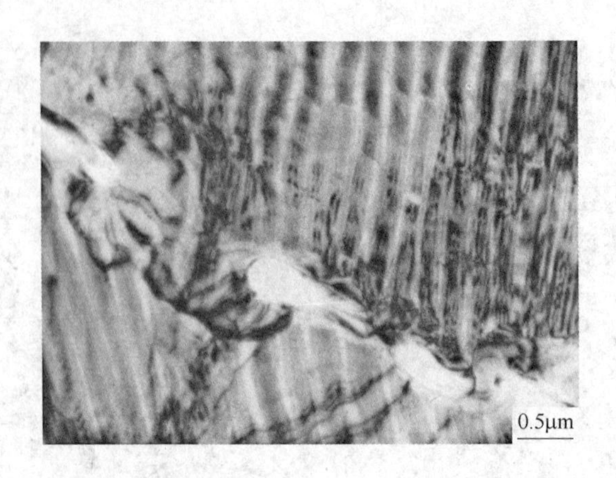

图 2-16 800℃变形后的碳化物形貌

物析出温度随着变形温度的降低而呈现减小趋势；二是，当变形温度降低到奥氏体与碳化物（$\gamma + M_3C$）两相区时，未再结晶的奥氏体经过变形，晶粒被进一步拉长，并且在晶粒内增加变形带和位错密度，为细化珠光体球团尺寸、分散碳化物析出创造了条件。而且在奥氏体变形的同时，先共析二次碳化物也同样受到了塑性加工，在碳化物中形成大量位错，为碳化物的溶解、溶断、扩散和沉积创造了有利条件，使先共析的碳化物网状形成细小、分散小条状的碳化物颗粒，因此在图 2-15b 中可以看到，随着变形温度降低到 800℃，晶界处的二次碳化物为不连续的断裂网状分布，珠光体球团直径减小，从图 2-16中也明显地看到了碎断的短条状不连续二次碳化物结构。这一碳化物网状的细化、碎断过程，在一些教科书中或者文献中被叫做网状碳化物“破碎”[92]。分析网状碳化物细化的真正原因，是塑性变形使得先共析的碳化物在其本身变形的同时，在其内部形成大量的位错，并且在位错密度高的位错密度线处产生碳的溶解、扩散和在曲率半径大的碳化物表面沉积，直到高位错线处溶断，最后形成分断的条状或者半球化的碳化物颗粒。

通过上面的分析可以看到，低温变形条件下，二次碳化物开始析出温度降低，而且对其也有一定的破碎作用。因此有很多研究者提出通过低温轧制工艺以提高钢材的组织性能，并得到了很多有效的应用[93]。但是对于我们要研究的轴承钢棒材来说，通过分析已经可以看到，虽然低温变形达到了一些对二次碳化物网状的破碎作用，但是仍然有半网状的二次碳化物析出，达不到国家标准。而且在前文中我们也已经提到了低温终轧的很多弊端，因此低温终轧在轴承钢棒材生产中不是较理想的工艺。

总结前面的分析可以看到，变形温度、变形量和变形后的冷却速度均对二次碳化物的析出产生一定的影响，变形量对二次碳化物析出的影响，在冷却速度缓慢条件下较显著，随着冷却速度增加，冷却速度对二次碳化物析出的影响占主导地位。而且在轴承钢棒材工业生产过程中，其孔型系统和尺寸基本已定，变形制度不易改变，道次变形量不太可能改变。由于轧机的布置形式和孔型配置已定，轧制工艺也基本固定，仅有温度制度的变动还是有可能的，但低温终轧又不是较理想的工艺。根据以上特点，棒材生产过程中控制冷却工艺的作用就十分重要了，希望通过新型的控制冷却工艺可以达到改善轴承钢 GCr15 棒材性能，特别是达到抑制网状碳化物析出得到细小的珠光体片层结构的目的。

2.2.3 不同工艺参数对珠光体转变的影响

通过 CCT 曲线分析可以看到，GCr15 轴承钢在连续冷却过程中，首先发生二次碳化物的析出，在接下来的缓慢冷却过程中在稍低于 A_1 温度时候，奥氏体将分解成铁素体与渗碳体有机结合的整合组织-珠光体组织，其典型形态为球团状片层结构。一层铁素体和一层渗碳体交替紧密堆叠形成珠光体片层，片层方向大致相同的区域称为珠光体球团[94]。在一个奥氏体晶粒内可以形成几个珠光体团。对于 GCr15 轴承钢来说，为了交货材具有良好的使用性能，要求热轧后良好的组织为细小片层间距的珠光体组织，因此在下文中我们将对不同工艺参数对珠光体转变影响进行分析。

图 2-17 所示是轴承钢不同高温变形条件下连续冷却速度与珠光体转变温度的曲线关系图。

从图 2-17 中可以看到，在变形量不变的条件下，随连续冷却速度增大，珠光体开始转变温度降低；冷却速度相同的条件下，随着变形量的增加，珠光体转变温度呈现出升高趋势。

轴承钢高温不变形时，在连续冷却速度为 0.5℃/s 的条件下，冷却曲线自左上方向右下方首先在 725℃与珠光体开始转变线相交，即在 725℃发生珠光体转变，直至与转变完成线相交时转变即结束，残余奥氏体完全发生珠光

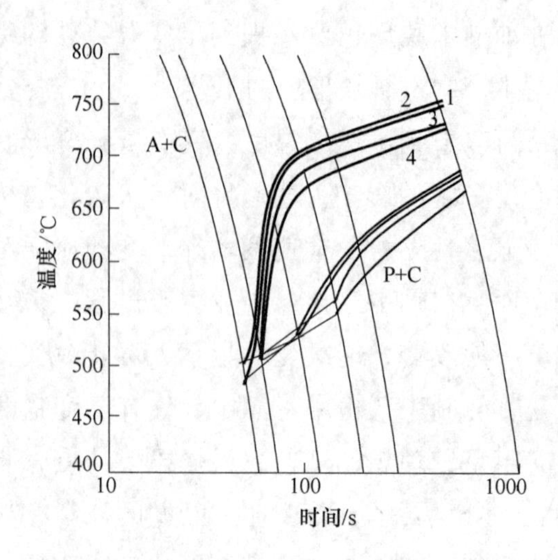

图 2-17 980℃不同变形量下珠光体转变曲线

1—变形 50%；2—变形 40%；3—变形 20%；4—变形 0

（从右至左：v = 0.5℃/s、2℃/s、3℃/s、5℃/s、8℃/s、10℃/s）

体转变，完全发生珠光体转变所需要的时间为 172s。冷却速度增加到 3℃/s 时，残余奥氏体仍然完全发生珠光体转变，但转变温度降低，完全发生珠光体转变所需要的时间缩短为 33s。继续增大冷却速度，则冷却曲线先后与转变开始线及中止线相交，不再与转变完成线相遇，因此奥氏体只能一部分转变为珠光体。当冷却曲线与中止线相交时，即表示不再发生珠光体转变，如继续冷却到 M_s 线以下温度时，则发生马氏体转变。随着冷却速度继续增大，珠光体转变量越来越少，而马氏体转变量越来越多。当冷却速度增大到 8℃/s 时，冷却曲线不再与珠光体曲线相遇，即表示不再发生珠光体转变，当过冷到马氏体转变区时，即发生马氏体转变。如果继续增加冷却速度，也仅发生单一的马氏体转变。不变形条件下，完全发生珠光体的临界冷却速度为 3℃/s。

随着变形量增加到 50%，在连续冷却速度为 0.5℃/s 的条件下，珠光体的开始转变温度为 756℃，完全发生转变所需要的时间缩短为 152s，而完全发生珠光体转变的临界冷却速度也增加到了 5℃/s，在连续冷却速度为 5℃/s 时，完全发生珠光体转变所需要的时间为 20s。

在轴承钢的连续冷却过程中，为了使得残余奥氏体尽可能在珠光体区完成珠光体转变，避免脆性马氏体的形成，在756～510℃温度范围内的有效保温时间为20～200s，就可以达到要求。

图2-18所示是轴承钢在980℃进行不同变形量变形后，以1℃/s冷却速度连续冷却到室温后的显微组织。

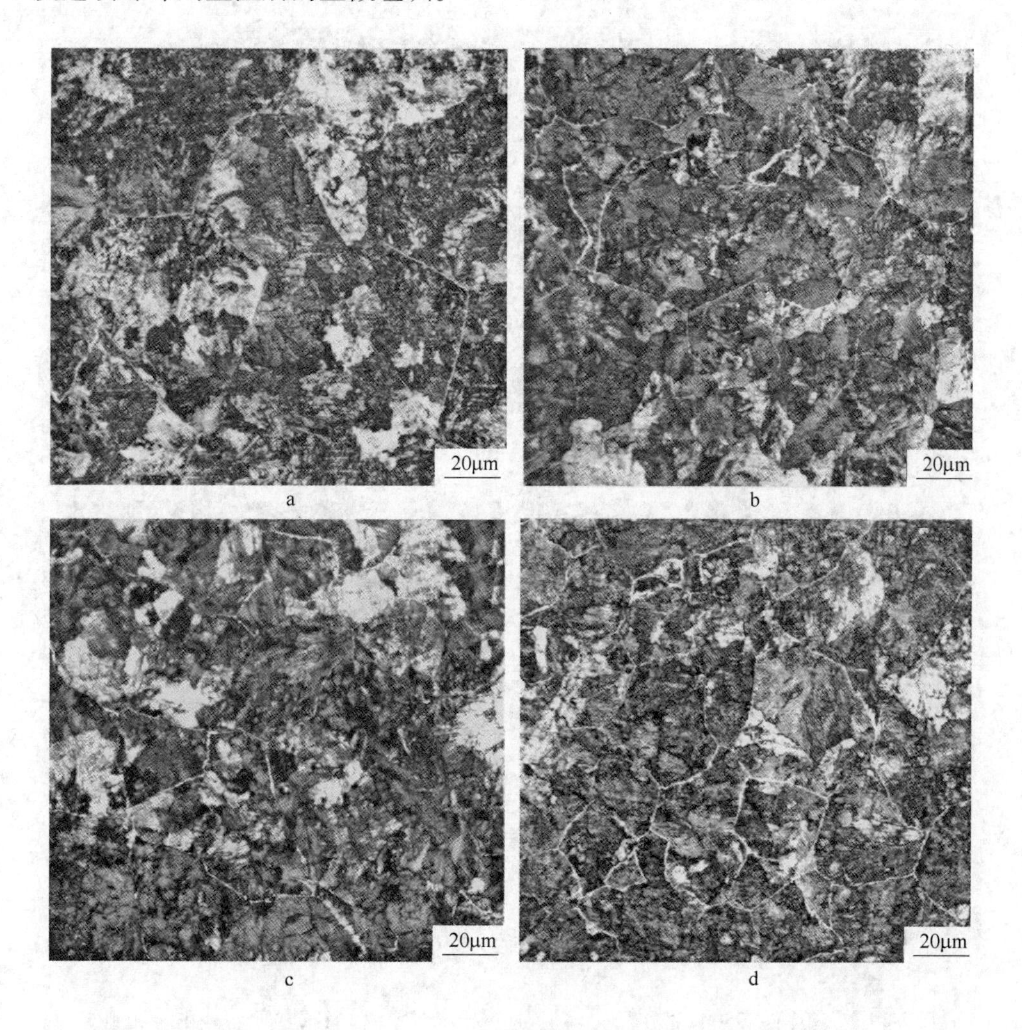

图2-18 980℃变形后以1℃/s冷却至室温的不同变形量下的金相组织

a—$\varepsilon=0$；b—$\varepsilon=0.2\%$；c—$\varepsilon=0.4\%$；d—$\varepsilon=0.5\%$

从图2-18中可以看到，轴承钢在980℃进行不同变形量变形后，以1℃/s冷却速度连续冷却到室温，由于连续冷却速度缓慢，过冷奥氏体在珠光体转变区域完全发生珠光体转变，其显微组织均为球团状珠光体和沿着晶界呈现网状析出的白色网状二次碳化物。随着高温变形量的增大，珠光体球团直径呈现明显的减小趋势。

图 2-19 所示是轴承钢 GCr15 在 980℃ 进行不同变形量变形后，以 5℃/s 冷却速度连续冷却到室温后的显微组织。

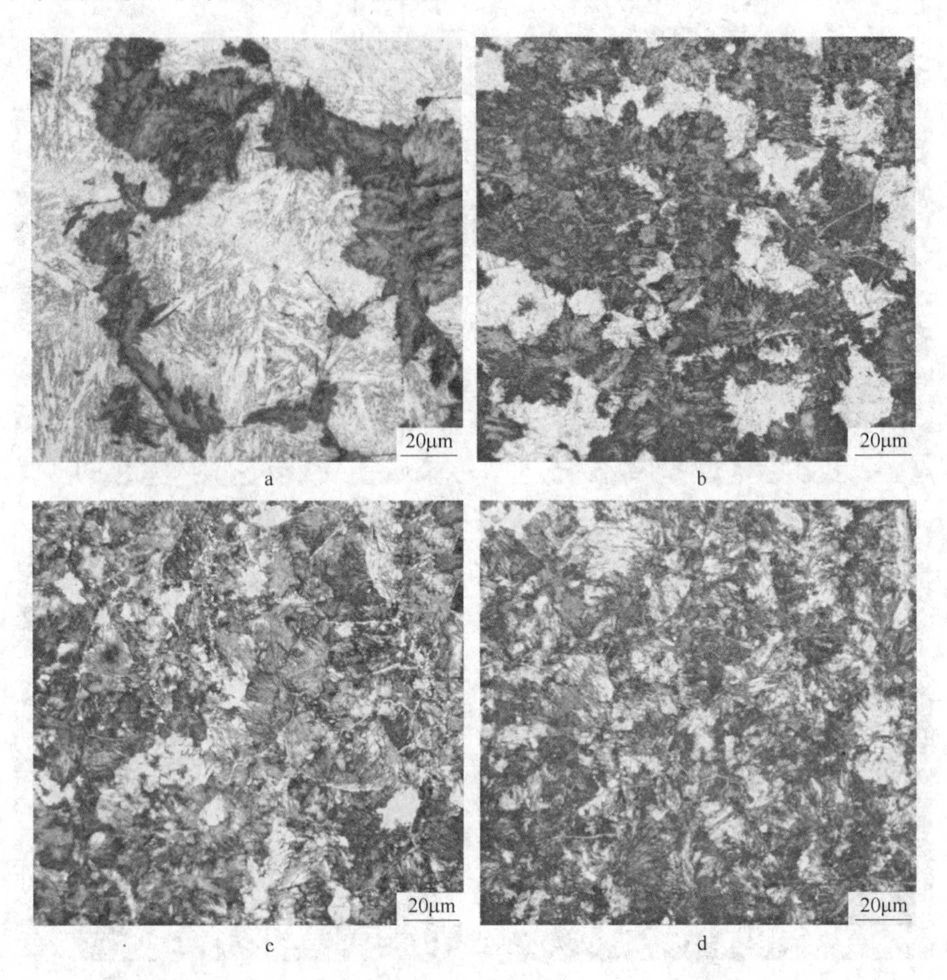

图 2-19 实验钢在 980℃ 变形后以 5℃/s 速度冷却到室温的不同变形量下的金相组织

a—$\varepsilon=0$；b—$\varepsilon=0.2\%$；c—$\varepsilon=0.4\%$；d—$\varepsilon=0.5\%$

从图 2-19a 中可以看到，轴承钢 GCr15 不变形后以 5℃/s 连续冷却到室温后，显微组织为马氏体和少量在晶界处析出的网状珠光体组织。随着变形量的增加，组织中珠光体含量增多的同时马氏体含量减少。说明变形在促进了二次碳化物析出的同时，也促进了珠光体的转变。在 980℃ 进行变形量大于

40%的变形时，以5℃/s冷却速度连续冷却到室温后，残余奥氏体完全发生珠光体转变，室温下显微组织为珠光体和晶界处的白色二次碳化物，不再有马氏体组织生成。

在前面关于珠光体转变曲线的分析中我们已经知道，随着变形量的增加，珠光体开始转变温度升高。变形量的增加对珠光体相变的促进作用显然与变形后奥氏体的畸变程度有关。珠光体转变是一典型的扩散型相变[95,96]，其过程包括同时进行的两个过程：其一是通过碳的扩散形成低碳的铁素体和高碳渗碳体；其二是晶体点阵重构，由面心立方点阵的奥氏体转变为体心立方点阵的铁素体和复杂斜方点阵的渗碳体。过冷奥氏体发生珠光体转变时，多半在奥氏体晶界上形核，也可以在晶体缺陷比较密集的区域形核。这是由于这些部位有利于产生能量、成分和结构起伏，新相晶核易在这些高能量、接近渗碳体含量和类似渗碳体晶体点阵的区域产生。变形引起的奥氏体的畸变程度越大，一方面，珠光体的相变驱动力越大，越利于珠光体的转变；另一方面，奥氏体中的缺陷增多，形核部位增多，形核概率增大；同时有利于C和Fe原子的扩散及晶体点阵重构，也促进珠光体的形核而减小珠光体球团直径，故奥氏体珠光体相变过程被加速。因此在同样连续冷却速度条件下，随着变形量增加，珠光体转变量增加，珠光体球团直径减小。

图2-20所示是轴承钢GCr15分别在980℃和800℃进行变形量为40%的

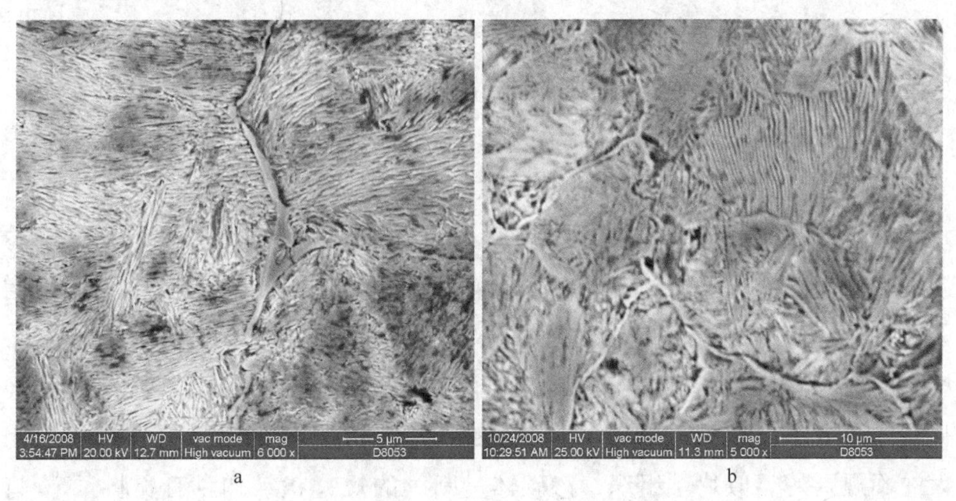

a　　　　b

图2-20　不同温度变形40%后以1℃/s冷却到室温后的SEM照片

a—980℃；b—800℃

变形后，以1℃/s冷却速度连续冷却到室温后的扫描照片。

从图2-20中可以看到，轴承钢GCr15以1℃/s冷却速度连续冷却到室温后组织为片层状珠光体和晶界处条状二次碳化物。随着变形温度的降低，珠光体球团直径减小，在980℃变形后连续冷却到室温，珠光体片层间距为0.23μm，随着变形温度降低到800℃，珠光体片层间距为0.21μm。

在前面关于变形温度对二次碳化物析出的影响分析中我们已经提到了，在低温区进行一定程度的变形，未再结晶的奥氏体经过变形，晶粒被进一步拉长，并且在晶粒内增加变形带和位错密度，为细化珠光体创造了条件，因此随着变形温度的降低，珠光体球团直径和片层间距减小。

为了详细分析连续冷却速度对轴承钢GCr15的珠光体组织的影响，观察图2-21所示轴承钢在980℃变形40%后，以不同冷却速度连续冷却到室温的显微组织，并进一步在扫描电镜条件下对珠光体的典型片层结构进行分析，如图2-22所示。

从图2-21中可以看到，GCr15轴承钢在980℃经过40%变形后，以0.5～5℃/s冷却速度连续冷却到室温，其显微组织为球团状珠光体和沿晶界处析出的白色二次碳化物。随着连续冷却速度的增加，珠光体球团直径减小。冷却速度增大到6℃/s时，珠光体形貌由大块球团转变为团絮状分布，由于冷却速度增大，残余奥氏体没有完全发生珠光体转变，而是冷却到低温区发生了马氏体转变，室温组织为马氏体、团絮状珠光体和少量白色二次碳化物，这与前面关于珠光体转变曲线的分析相符合。

图2-22所示是与图2-21相对应工艺条件下的扫描照片，图2-23所示为冷却速度对珠光体片层间距和显微硬度的影响图。

从图2-22和图2-23中可以看到，GCr15轴承钢在980℃变形后，随着连续冷却速度从0.5℃/s增大到5℃/s，珠光体片层间距减小，显微硬度增大。在冷却速度为0.5℃/s的条件下，可以清楚看到铁素体和渗碳体交替堆叠的珠光体片层结构，随着冷却速度增大，仅能看到珠光体片层趋势而片层间距减小。而当连续冷却速度继续增大到6℃/s时，珠光体形貌为粗大的不规则的类似片层组织，渗碳体呈断续的短片状结构。有资料[97～99]将这种类片状珠光体结构叫做退化珠光体，退化珠光体组织的显微硬度仍然呈增大趋势。

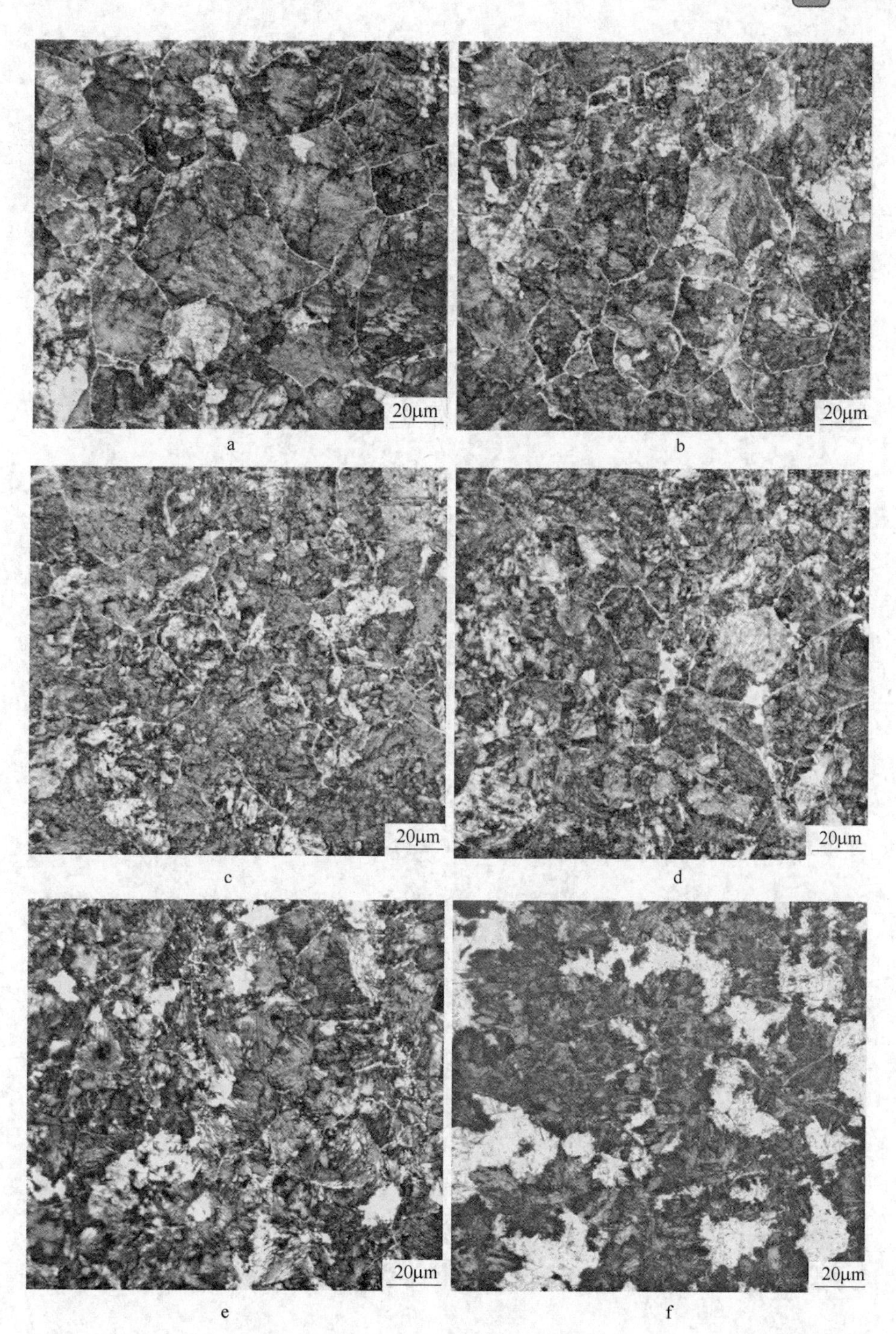

图 2-21 不同冷速冷到室温后的金相显微组织

a—0.5℃/s；b—1℃/s；c—2℃/s；d—3℃/s；e—5℃/s；f—6℃/s

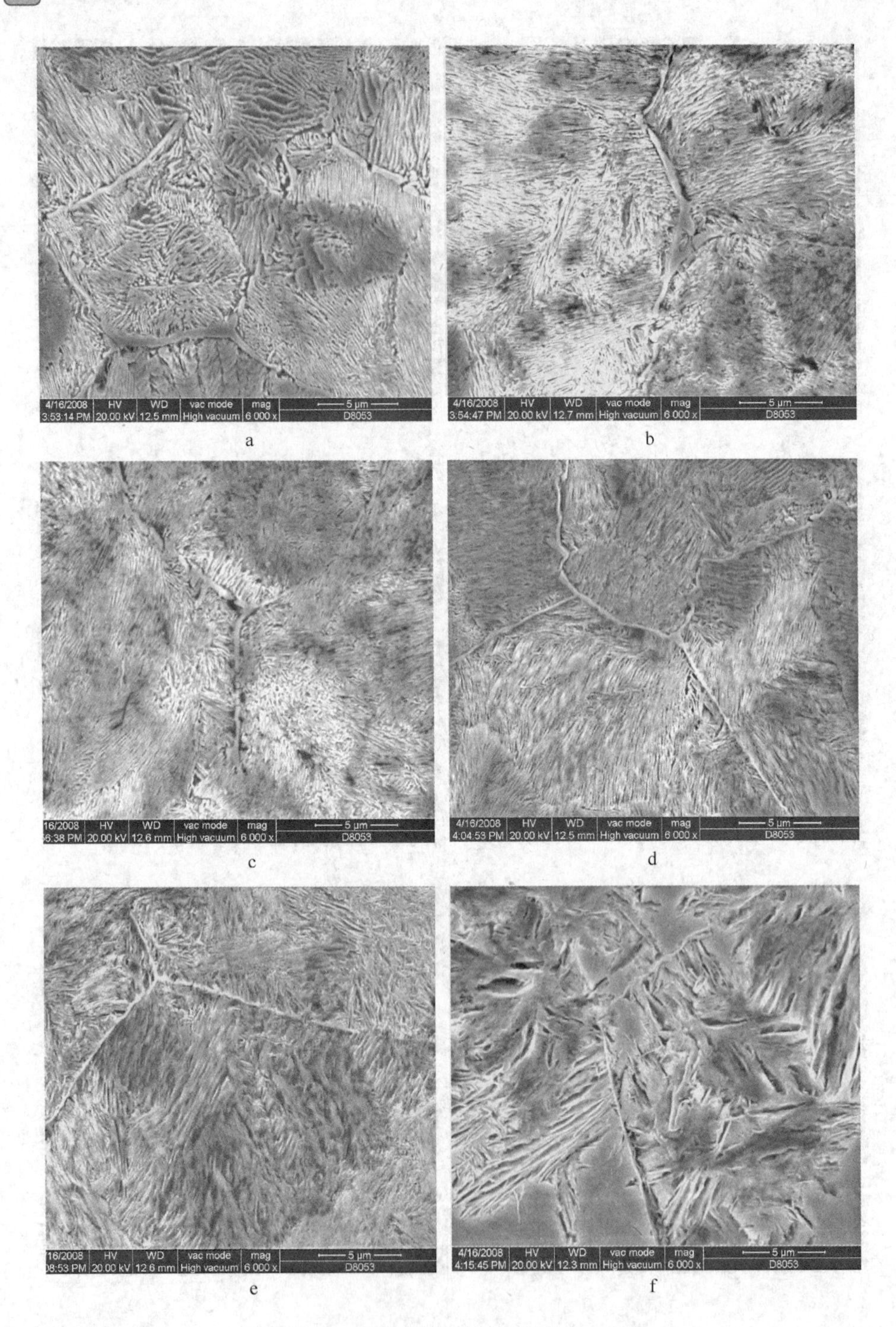

图 2-22 不同冷速冷到室温后的 SEM 组织

a—0.5℃/s；b—1℃/s；c—2℃/s；d—3℃/s；e—5℃/s；f—6℃/s

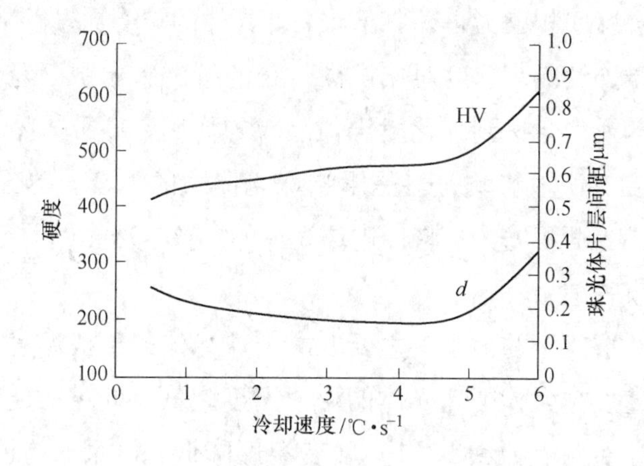

图 2-23　冷却速度与显微硬度和珠光体片层间距之间的关系图

珠光体是过冷奥氏体共析分解的产物。按照系统科学的自组织理论[100]，远离平衡态，必出现随机涨落，在过冷奥氏体的连续冷却过程中，奥氏体中必将出现贫碳区和富碳区的涨落。一旦满足形核条件，则在贫碳区建构铁素体的同时，在富碳区也建构渗碳体，两者是同时同步，共析共生，形成了一个珠光体晶核（铁素体 + 渗碳体），同时在其他部位又同时同步产生新的晶核并不断长大，珠光体形成时，纵向长大是渗碳体和铁素体片同时连续地向奥氏体中延伸，而横向长大是渗碳体与铁素体片交替堆叠增多。图 2-24 所示是珠光体的形成及长大示意图[101]。片层方向大致相同的区域称为“珠光体球团”或“珠光体晶粒”。随着各个珠光体球团连续长大，奥氏体数量越来

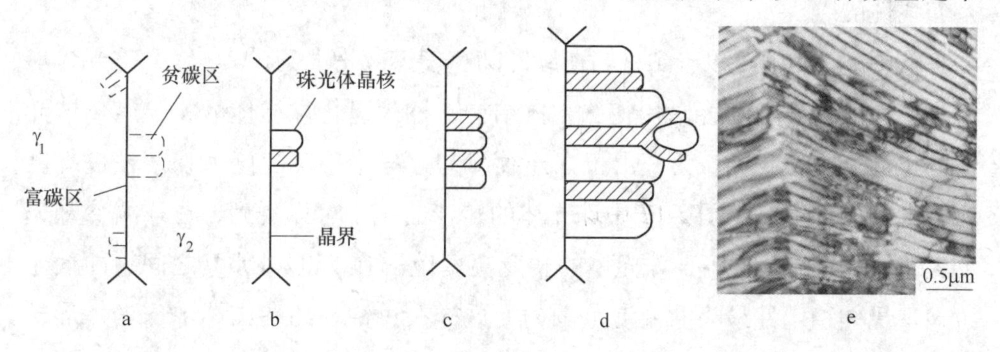

图 2-24　珠光体晶核的形成及长大示意图

a—出现在晶界处的成分波动；b—珠光体形核；

c，d—珠光体晶核长大；e—珠光体球团的 TEM 图片

越少，直到各个球团相碰为止，奥氏体向珠光体的转变遂告以结束。

在前面关于连续冷却速度对二次碳化物的析出影响中已经提到，增大变形后的连续冷却速度会达到细化奥氏体晶粒的作用。奥氏体晶粒的大小对珠光体片层间距没有明显影响，但是影响珠光体团的大小。奥氏体晶粒细小，单位体积内的晶界面积增大，将促进珠光体的形核，珠光体的形核部位增多，则珠光体球团直径减小。

而珠光体片层间距的大小，主要取决于珠光体的形成温度。在连续冷却条件下，冷却速度越大，则珠光体的形成温度越低，即过冷度越大，则片层间距就越小。这有两点原因：（1）转变温度降低，C 原子的扩散能力下降，C 原子的扩散速度越小，不易进行较大距离的迁移，渗碳体片和铁素体片逐渐变薄缩短，同时其两侧连续形成速度及其纵向长大速度都发生改变，珠光体球团的轮廓也由块状逐渐转变为扇形，继而变为轮廓不光滑的团絮状，形成片层间距较小的珠光体。（2）过冷度越大，形核率越高。珠光体片层间距与过冷度的关系可表达为：

$$\lambda_c = (2\sigma^{Fe_3C/\alpha} T_E)/(\Delta H_V \Delta T) \tag{2-3}$$

式中，$\sigma^{Fe_3C/\alpha}$ 为 Fe_3C/α 界面的界面能；ΔH_V 为单位体积自由能焓的变化；T_E 为共析转变温度；ΔT 为过冷度，$\Delta T = T_E - T$；λ_c 为临界片间距，实测的片间距 $\lambda \approx 2\lambda_c$。从这一关系式中可知，片层间距随冷却速度的增加而减小。这两个因素与温度的关系都是非线性的，因此珠光体的片间距与温度的关系也应当是非线性的[102]。

从图 2-22 f 中可以看到，当连续冷却速度继续增大到 6℃/s 时，珠光体形貌为粗大的不规则的近似片状珠光体结构，称为退化珠光体。关于退化珠光体的生成机制，我们认为，由于在连续冷却过程中冷却速度太快，在过冷度相当大的条件下，由图 2-17 中珠光体的转变曲线中可以看到，在连续冷却速度大于 5℃/s 的条件下，珠光体的转变温度范围在 550 ~ 500℃之间，即处于过冷奥氏体稳定性最小的温度范围内，这样在过饱和的奥氏体中珠光体形核率及长大速度最快，可以大量地形成珠光体晶核，随后向各方向长大，而且由于冷却速度太快，与铁素体交替长大的渗碳体片由于碳原子扩散减慢其纵向长大断续，因此就形成了图 2-22 f 中所示的成方位紊乱的近似片层结构的退化珠光体。

关于不同连续冷却速度条件下显微硬度的变化，分析原因是冷却速度增大，抑制了二次碳化物在晶界处网状析出，二次碳化物弥散析出，使得生成的珠光体中碳、铬等元素增多，增大了显微硬度，同时，随着冷却速度的增加，珠光体球团直径和片层间距都减小，铁素体片与渗碳体片都变薄，相界面增多，在外力作用下，抗变形能力增加，同时珠光体球团直径减小，表面单位体积内片层排列方向增多，使得局部发生大量塑性变形而引起应力集中的可能性减少，不但增加了显微硬度，而且也能提高材料的塑性。而当冷速达到6℃/s时，由于冷却速度增大，虽然珠光体出现粗大的不规则的片层组织结构，但是由于退化珠光体是在较高冷却速度条件下形成的，珠光体中碳、铬等元素增多所引起的显微硬度增大因素占主导地位，因此造成显微硬度不仅没有减小反而呈现增大趋势。

2.3 小结

（1）GCr15轴承钢在连续冷却过程中，从高温到低温的相变产物主要有二次碳化物、珠光体和马氏体，随着冷却速度的降低，马氏体转变曲线右侧发生抬高现象。二次碳化物的析出温度范围是910～697℃，抑制其网状析出的临界冷却速度为8℃/s，完全发生珠光体转变的临界冷却速度为5℃/s；满足其在756～510℃温度范围内保温20～200s就可以完全发生珠光体转变。

（2）高温变形促进了轴承钢GCr15在连续冷却过程中二次碳化物的析出和珠光体的转变，随着变形量增加，二次碳化物和珠光体的开始析出温度均升高，珠光体转变量增加，珠光体球团直径减小，但变形量变化对二次碳化物的厚度影响甚微。

（3）随着变形温度降低，轴承钢GCr15在连续冷却过程中二次碳化物开始析出温度降低，晶界处二次碳化物形貌由连续网状转变为半连续网状，碳化物出现碎断现象，珠光体球团直径和片层间距呈现减小趋势。

（4）轴承钢GCr15在连续冷却过程中，随着连续冷却速度增加，二次碳化物和珠光体开始析出温度降低，晶界处二次碳化物由紧密的网状分布转变为半网状、短条状最后弥散析出；珠光体转变越来越少，珠光体球团直径和片层间距减小，显微硬度值增大。冷却速度增大到6℃/s，珠光体发生退化现象，退化珠光体形貌为不规则的近似片层结构。晶界处二次碳化物为(Fe，Cr)$_3$C型碳化物，冷却速度缓慢的条件下，晶界处Cr含量明显高于基体组织中含量，随着连续冷却速度增加，二次碳化物厚度减小，晶界处二次碳化物中C、Cr含量减小。

(5) 在连续冷却过程中，冷却速度小于2℃/s时，随着冷却速度的增加，二次碳化物析出温度缓慢降低，变形量变化对二次碳化物开始析出温度的影响占主导地位；冷却速度大于2℃/s时，变形量的变化对二次碳化物开始析出温度的影响趋势变缓，二次碳化物开始析出温度随冷却速度的增加大幅度降低，在冷却速度较大的前提条件下，冷却速度变化对二次碳化物析出的影响占主导地位。

3 轴承钢高温变形后控冷工艺模拟

钢材热变形后控制冷却的目的就是改善钢材组织性能，细化奥氏体晶粒，抑制或者延迟碳化物在冷却过程中的过早析出，使其在基体组织中弥散析出，提高强度[103]。同时减小珠光体球团直径，细化珠光体片层间距，改善钢材的综合力学性能。通过上一章的研究分析，已经得到了 GCr15 轴承钢在不同变形工艺条件下连续冷却过程中的组织变化，也对连续冷却过程中不同工艺参数对二次碳化物和珠光体转变的影响进行了总结分析，为新型控轧控冷工艺的开发提供了一些理论依据。但是在实际的现场轧制过程中，热轧后的冷却过程往往不是连续冷却，而是在不同冷却阶段冷却速度也发生变化。在轴承钢棒材传统的轧制过程中，为了得到高性能的钢材，一般要求采用热轧后快冷的冷却工艺，但是由于受冷却设备的限制以及冷却工艺不完善，其网状碳化物析出的问题却并没有得到较好的解决，如何通过改进轴承钢热轧后的控冷工艺以得到抑制网状碳化物析出的细小片层珠光体组织是目前急待解决的问题。

通过对 CCT 曲线分析得知，GCr15 钢在热变形后的连续冷却过程中，二次碳化物析出的主要温度区域为 900～700℃，抑制二次碳化物析出的临界冷却速度为 8℃/s，珠光体转变的主要温度区域为 750～500℃，完全发生珠光体转变的临界冷却速度为 5℃/s。因此，要想得到理想的组织性能，就需要以一定的冷却速度快速通过二次碳化物析出温度区，然后减慢冷却速度，使得过冷奥氏体在珠光体转变温度区域完全发生珠光体转变。

在本章的实验中，我们将对 GCr15 轴承钢在热变形后的不同分段冷却工艺进行模拟，以 CCT 曲线为依据，以实验室现有的实验设备条件为基础，在热变形后设定不同的快冷速度、等温温度、等温时间和缓冷速度，对轴承钢热变形后的不同冷却工艺进行模拟，分析不同分段冷却工艺参数对轴承钢组织性能的影响，力求达到抑制轴承钢网状碳化物析出、得到细小片层状珠光体组织的目的。

3.1 实验方法

3.1.1 实验材料与装置

实验所用材料为国内某特殊钢厂生产的 ϕ30mm 轴承钢棒材，化学成分如表 3-1 所示。将 ϕ30mm 棒材经过重点实验室线切割仪器制作成 ϕ8mm × 15mm 光滑圆棒，用于热模拟试验。

表 3-1 实验用钢的化学成分（质量分数） （%）

C	Si	Mn	P	S	Cr	Ni	Cu	Mo	Ti	Al
1.02	1.32	0.34	0.009	0.003	1.49	0.07	0.15	0.02	0.0017	0.005

实验钢热变形后分段冷却模拟实验在 RAL 自主研发的 MMS-300 多功能热力模拟实验机上进行，试样两端涂抹石墨粉以减少端部摩擦所造成的鼓肚效应，达到理想的模拟变形效果。

热模拟实验后将试样沿横向在靠近热电偶焊点处剖开，磨抛后采用 4% 的硝酸酒精溶液腐蚀制成金相试样，组织观察在 LEICA DMIRM 多功能金相显微镜和 FEI-Quanta 600 扫描电镜上进行，透射电镜分析在美国 FEI 公司生产的 TECNAI-G2. 20 透射电子显微镜上进行，并进行能谱分析。显微硬度测试在 FM-700 显微硬度测试仪上进行。为了准确对碳化物组织进行分析，其中碳化物级别的测定是通过淬回火后按照 GB/T 18254—2002 进行评定的，二次碳化物的厚度是通过透射电镜分析和图像分析仪进行测定的，珠光体片层间距的测量是在扫描电镜条件下进行。

3.1.2 实验方案

3.1.2.1 高温变形后快冷 + 等温工艺模拟

热模拟实验中，首先将试样以 10℃/s 速度加热到 1100℃，保温 300s 后以 10℃/s 冷却速度冷至 980℃，在 980℃ 进行变形量为 40% 的压缩变形，然后分别以 10℃/s、20℃/s、30℃/s 和 50℃/s 的冷却速度冷却到不同温度、等温不同时间后迅速喷水至室温以稳定高温组织，实验具体工艺如图 3-1 所示。

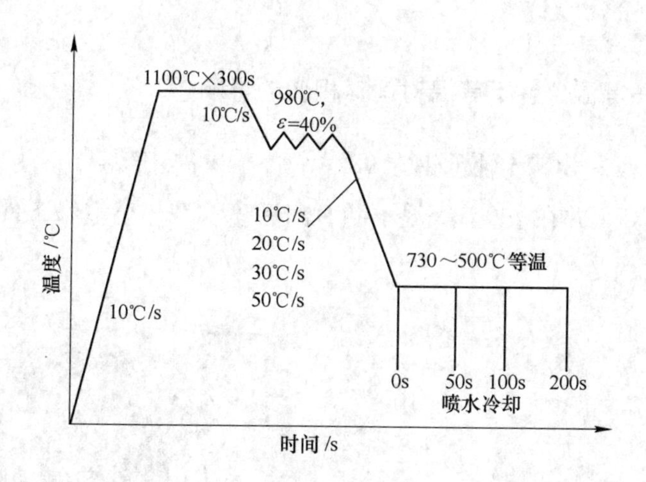

图 3-1 高温变形后的快冷 + 等温工艺图

3.1.2.2 高温变形后快冷 + 缓冷工艺模拟

热模拟实验中，首先将试样以 10℃/s 速度加热到 1100℃，保温 300s 后以 10℃/s 冷却速度冷至 980℃，在 980℃进行变形量为 40% 的压缩变形，然后以 10℃/s 冷却速度冷却到 700℃后，分别以不同冷却速度连续冷却到室温，图 3-2 所示为实验具体工艺。

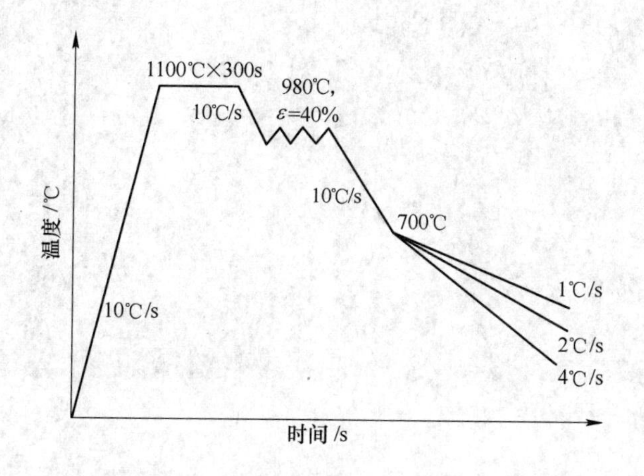

图 3-2 高温终轧后的快冷 + 缓冷工艺图

3.2 实验结果

3.2.1 快冷+等温条件下等温时间对相变的影响

图3-3所示为GCr15轴承钢在980℃进行40%变形后，以10℃/s冷却速度冷却到700℃，并在700℃等温不同时间后喷水冷却至室温条件下的金相组织照片。

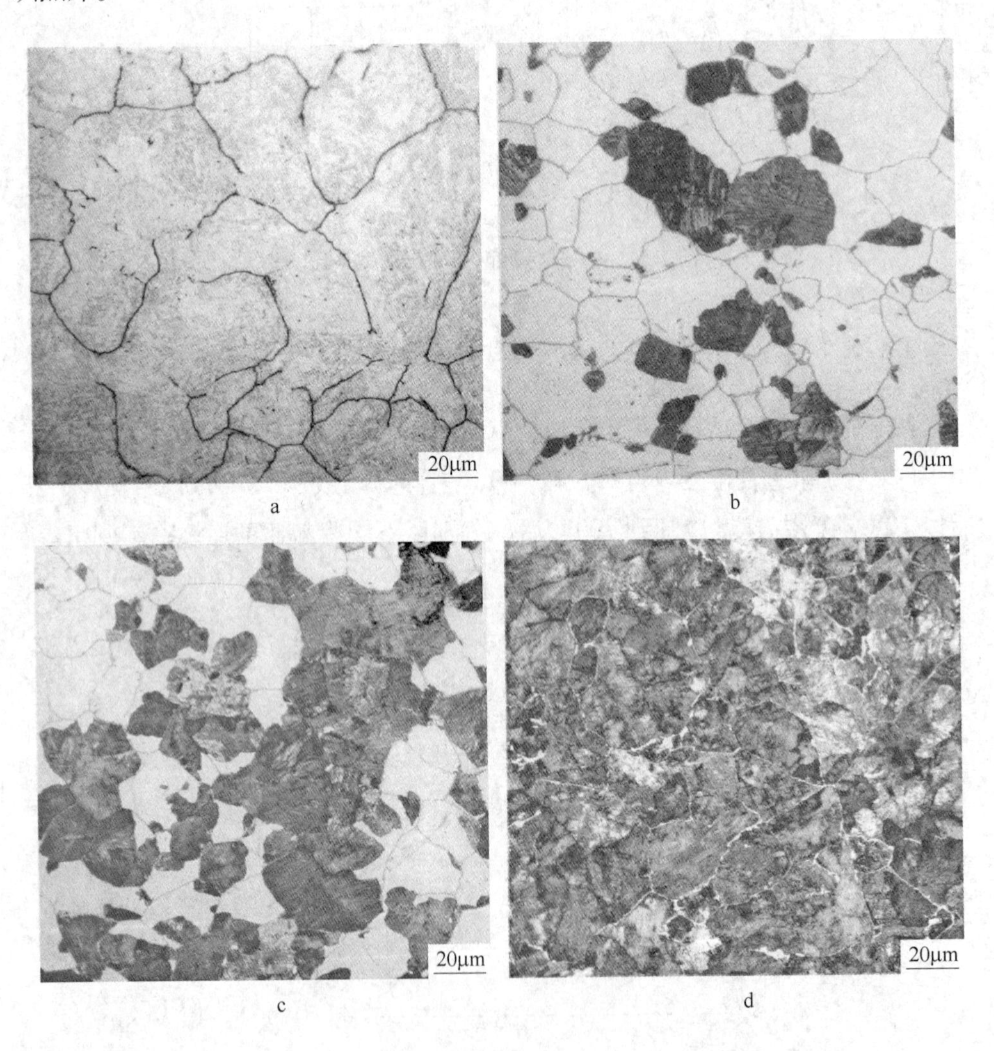

图3-3 700℃不同等温时间条件下的金相组织

a—$t=0$s；b—$t=50$s；c—$t=100$s；d—$t=200$s

从图3-3中可以看到，热变形后以10℃/s冷却到700℃，不进行等温处理，而是直接喷水至室温后，室温组织为完全的马氏体组织。随着等温时间延长，室温组织中的马氏体含量减少的同时，珠光体含量增多。表3-2所示为不同等温时间条件下珠光体含量和其显微硬度值。可以看到，热变形后以10℃/s冷却到700℃过程中，由于冷却速度较快，在快冷过程中没有发生珠光体的转变。在快冷后的等温过程中，珠光体的转变需要一定转变时间。快冷后在700℃等温50s时，珠光体转变开始进行，室温组织中珠光体含量为23.8%，珠光体组织中可以看到明显的片层结构，其显微硬度为387HV；随着等温时间延长到100s，珠光体含量为52.7%，马氏体含量相对减少，在球团珠光体晶界处可以看到明显的白色二次碳化物析出，珠光体显微硬度值为374HV；等温时间达到200s时，室温组织为球团状珠光体和沿晶界处白色呈网状分布的二次碳化物，不再有马氏体生成。快冷后在700℃等温200s条件下，过冷奥氏体已经完全珠光体转变，其显微硬度值减小到346HV。

表3-2 不同等温时间下珠光体含量和其显微硬度值

保温时间/s	0	50	100	200
HV	—	387	374	346
珠光体转变量/%	0	23.8	52.7	98.2

通过上面的分析可以知道，GCr15轴承钢室温组织中的球团状珠光体是在快冷到700℃后的等温过程中生成的。从珠光体转变的动力学角度考虑，珠光体形成的初期有一个孕育期，它是指从等温开始到发生转变的这段时间，热变形后以10℃/s冷却到700℃，不进行等温处理而是直接喷水至室温条件下，由于冷却速度太快，过冷奥氏体迅速通过珠光体转变区域直接过冷到M_s点，并继续降温，过冷奥氏体完全发生马氏体转变，其室温组织为低温马氏体（图3-3a）。而珠光体最易沿奥氏体晶界，特别是三晶粒交界处形核（图3-3b），在等温时间较短时，仅有少量球团状珠光体在原奥氏体晶界处形核长大。等温时间延长，则渗碳体分枝往前长大，铁素体协调地在渗碳体枝间形成，从而长成一个珠光体球团，而在一个珠光体球团旁边也产生不同位向的一对渗碳体和铁素体晶核，同样形成另一个珠光体球团。这样由单个珠光体球团发展成为多个珠光体球团并占据一个区域（图3-3c）。随着等温时间的

增加，各个珠光体球团连续长大，直到各个球团相碰为止，这样过冷奥氏体向珠光体的转变遂告以结束，过冷奥氏体完全发生珠光体转变，室温组织中不再含有低温马氏体组织出现。

为了准确分析 GCr15 轴承钢热变形后以 10℃/s 冷却到 700℃等温过程中，不同等温时间对二次碳化物析出的影响，将上述工艺试样淬回火后深腐蚀进行显微组织分析，图 3-4 所示是经过深腐蚀后的金相组织照片。

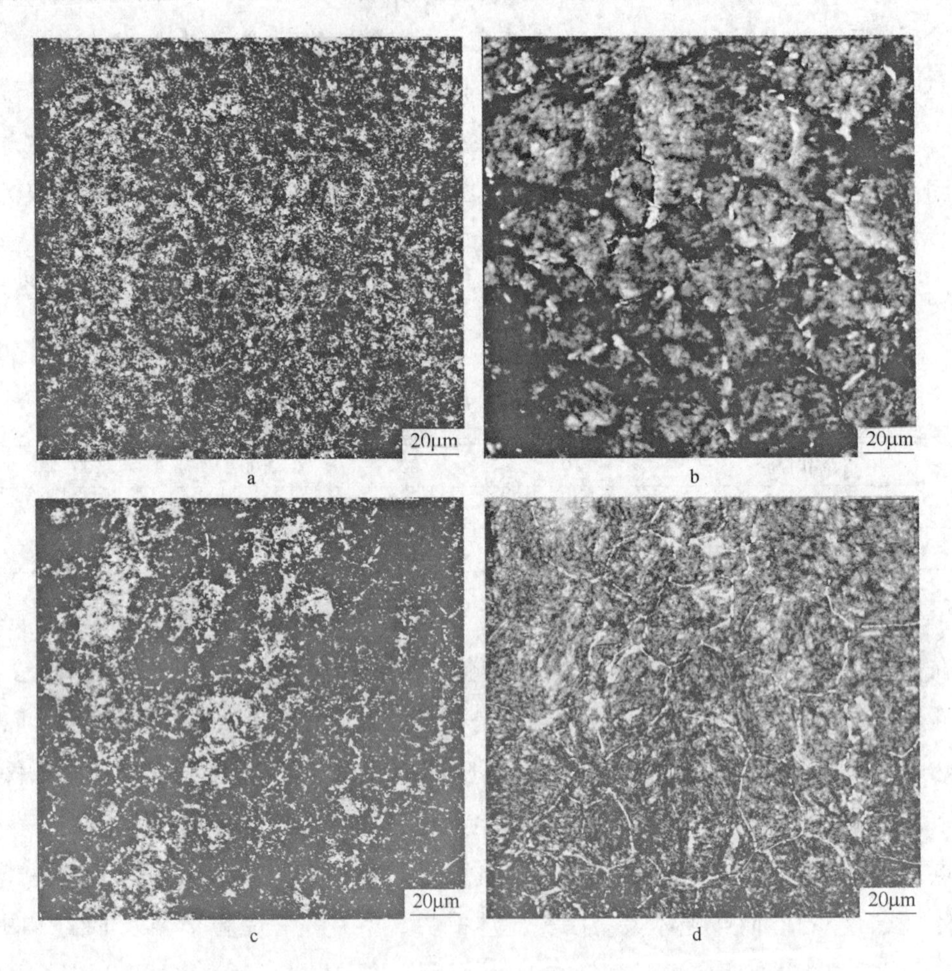

图 3-4　700℃不同等温时间条件下淬回火后的组织

a—$t=0$s；b—$t=50$s；c—$t=100$s；d—$t=200$s

从图 3-4 中可以看到，热变形后以 10℃/s 冷却到 700℃等温过程中，不进行等温而是直接喷水冷却至室温时，二次碳化物呈弥散析出，看不到明显网状结构，随等温时间延长，二次碳化物析出趋势增大，其结构由条状、短棒状逐渐转变为半网状结构，当等温时间达到200s时，二次碳化物在晶界处呈现紧密的网状结构，网状级别达到5级。说明GCr15轴承钢在热变形后以10℃/s冷却速度连续冷却到700℃的过程中，已经抑制了二次碳化物的网状析出。室温条件下网状二次碳化物组织是在随后的700℃等温过程中生成的。

在快冷后等温过程中，随着等温时间的延长，晶界出二次碳化物析出含量增多，其网状级别增大，导致晶界处碳含量增加，而珠光体中碳含量减少，这就解释了为什么虽然不同等温时间条件下的珠光体组织都是在700℃形核长大的，但是随着等温时间延长，珠光体显微硬度却呈现出降低的趋势。

3.2.2 等温温度对相变的影响

通过上文中等温时间对轴承钢相变的影响分析可以看到，快冷后在700℃等温200s，过冷奥氏体就可以完全发生珠光体转变，图3-5所示为轴承钢热变形后，以10℃/s冷却速度快冷到不同温度，并等温200s后水淬到室温的显微组织。

从图3-5中可以看到，GCr15轴承钢以10℃/s冷却速度分别冷却到730℃、700℃等温200s后，其室温组织为珠光体和沿晶界析出的白色二次碳化物。二次碳化物沿晶界呈网状结构，在500倍条件下可以看到明显的大块状片层状珠光体结构；随着等温温度降低，二次碳化物析出减弱，珠光体球团直径减小，等温温度降低到600℃时，其室温组织为团絮状珠光体组织，仅有少量白色二次碳化物沿着晶界处呈现短条状析出，在500倍条件下看不到珠光体的片层结构；等温温度继续降低到550℃以下时，如图3-5e、f所示，其室温组织为团絮状珠光体、短条状白色二次碳化物和少量低温马氏体。

图3-6所示为与图3-5相对应的室温组织的SEM照片。从图3-6中可以看到，随着等温温度从730℃降低到500℃，球团直径减小，在700℃等温200s时可以看到规则的片层状珠光体，随着温度降低，珠光体片层结构变细变短，在550℃等温时，仅有少量珠光体呈现片层状结构，大部分珠光体已经不再是规则的片层结构，而是发生了退化现象，珠光体结构多为短棒状杂乱无章的分布。

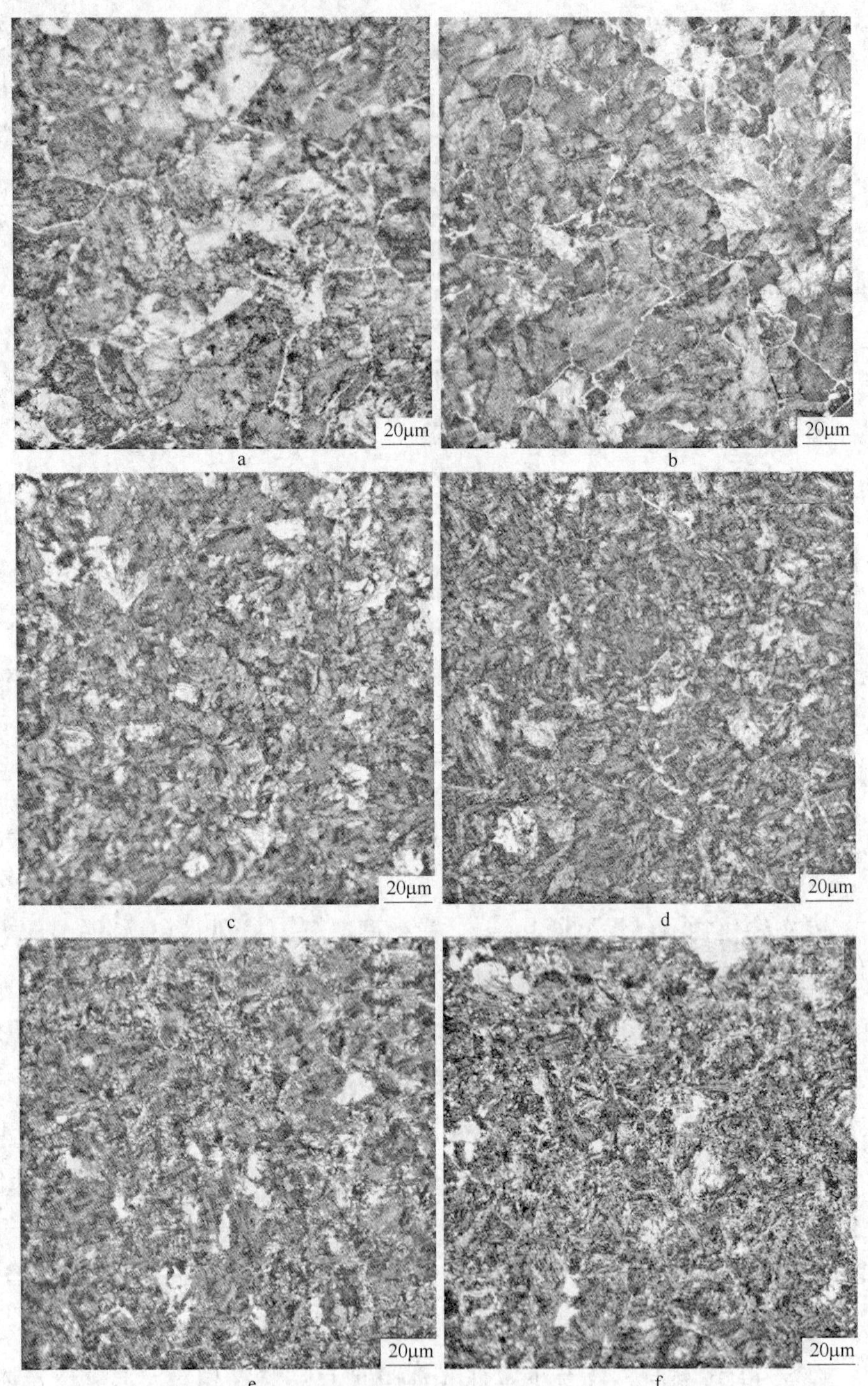

图 3-5 不同温度等温后的金相显微组织

a—730℃；b—700℃；c—650℃；d—600℃；e—550℃；f—500℃

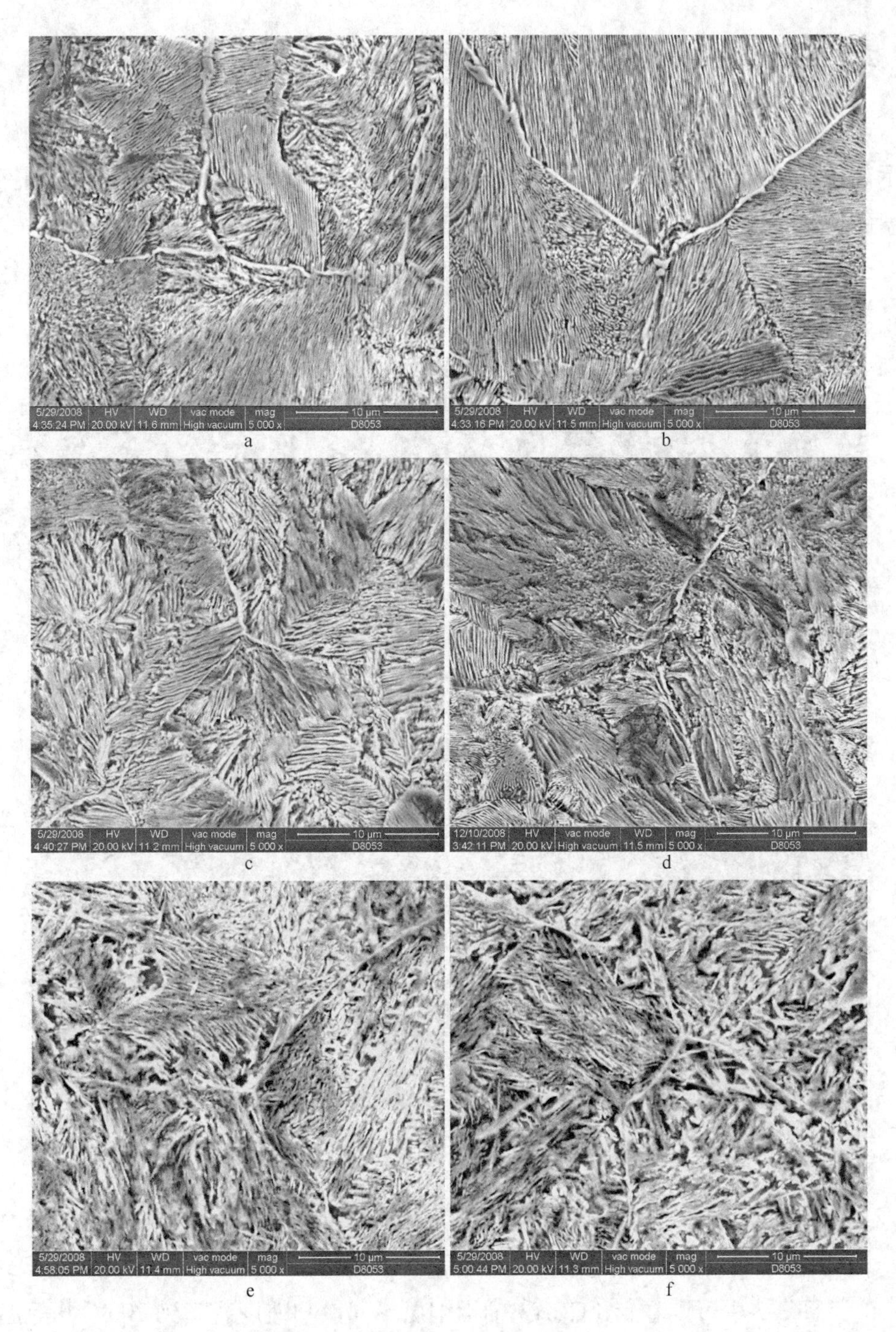

图 3-6 不同温度等温后的 SEM 照片

a—730℃；b—700℃；c—650℃；d—600℃；e—550℃；f—500℃

3.2.3 快冷冷却速度对等温转变的影响

为分析等温前快冷段冷却速度对轴承钢显微组织的影响，观察图 3-7 所示热变形后，分别以不同冷却速度连续冷却到 700℃ 并等温 200s 后淬火到室温的显微组织。

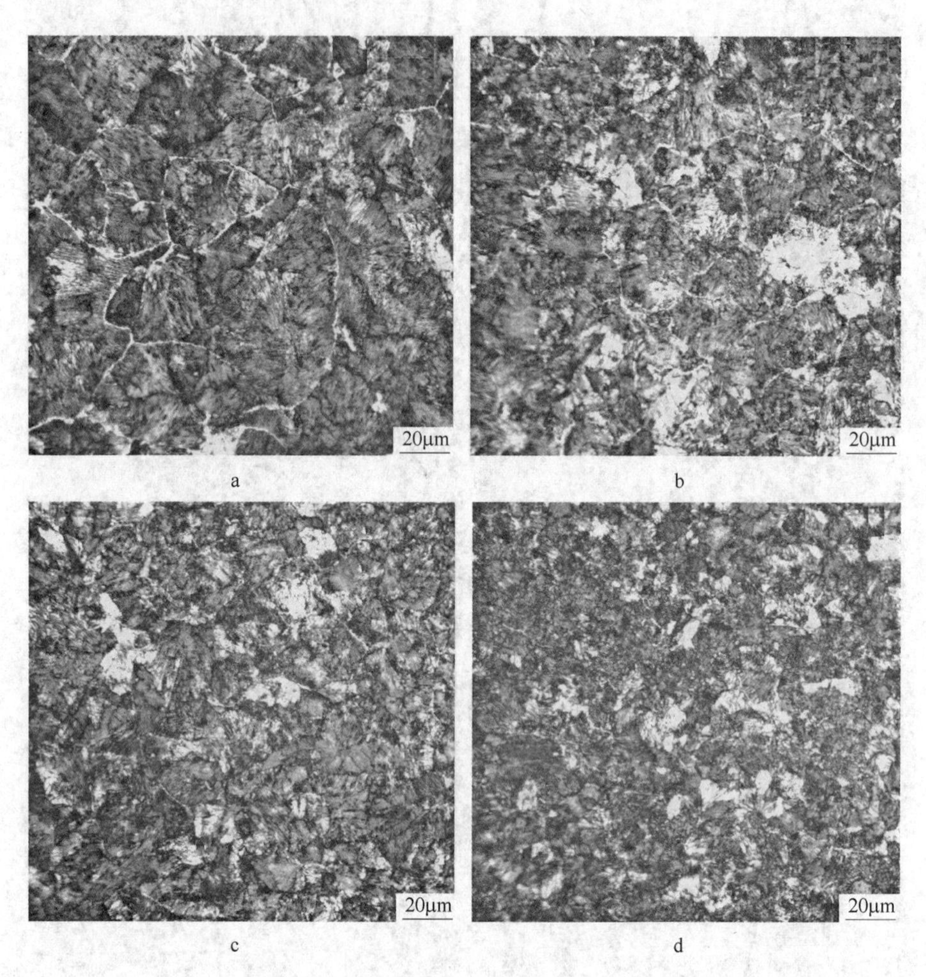

图 3-7 不同快冷冷却速度条件下等温转变的金相显微组织

a—10℃/s；b—20℃/s；c—30℃/s；d—50℃/s

从图 3-7 中可以看到，GCr15 轴承钢以不同冷却速度冷却到 700℃ 并等温 200s 过程中，随着快冷段冷却速度由 10℃/s 增加到 20℃/s，二次碳化物由沿着晶界处紧密的网状分布结构转变为不连续半网状分布，珠光体球团直径减小；冷却速度继续增加，二次碳化物析出进一步减少，仅能看到少量白色二次碳化物弥散析出，而且随着冷却速度的增加，珠光体结构由明显的大块状逐渐转变为扇形，继而为轮廓不光滑的团絮状，看不到明显的片层结构。

图3-8为与图3-7相对应的扫描照片。在5000倍扫描电镜条件下可以清楚地看到，随着快冷段冷却速度增大，珠光体球团直径减小。冷却速度为20℃/s时，晶界处仍然有白色的二次碳化物析出，但是从图3-8b中可以看到，二次碳化物的网状结构并没有紧密地连接在一起，而是出现了不连续的网状结构；冷却速度增加到30℃/s，在晶界处仅有少量呈现点条状分布的二次碳化物。当冷却速度达到50℃/s时，如图3-8d所示，在晶界处已经看不到白色的二次碳化物析出，组织为细小的片层状珠光体，并且在晶界处有少量的碳化物呈粒状倾向。

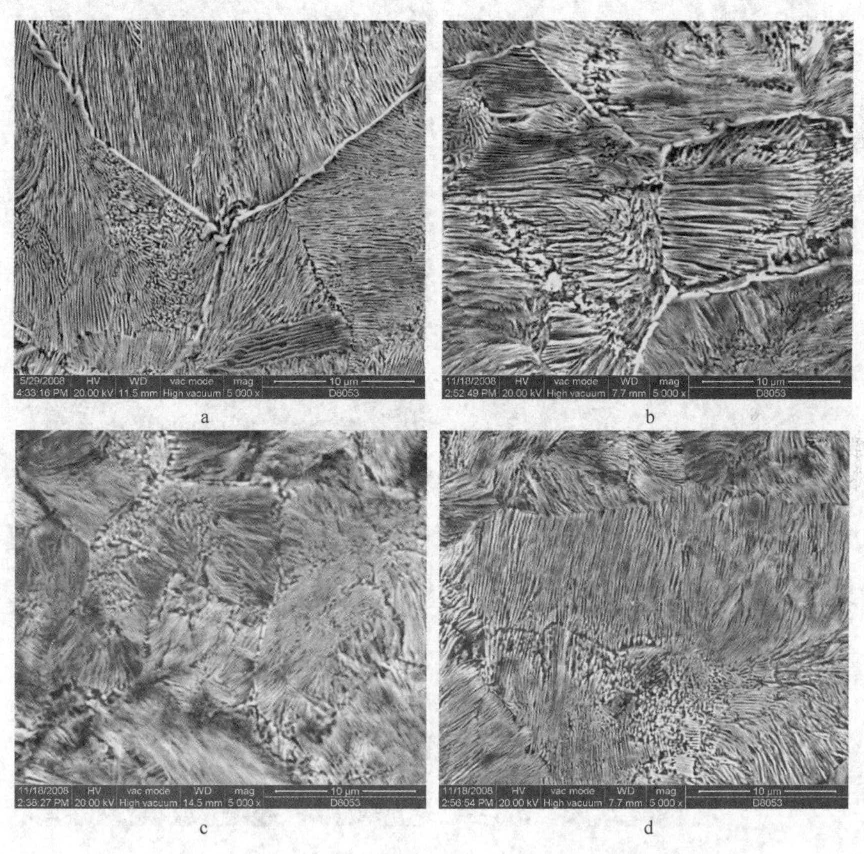

图3-8 不同快冷冷却速度条件下等温转变的SEM照片

a—10℃/s；b—20℃/s；c—30℃/s；d—50℃/s

3.2.4 快冷+缓冷工艺中缓冷冷却速度对相变的影响

图 3-9 所示是 GCr15 轴承钢高温变形后以 10℃/s 冷却到 700℃，接下来以不同冷却速度缓慢冷却到室温后的金相显微组织和与其相对应的扫描照片。

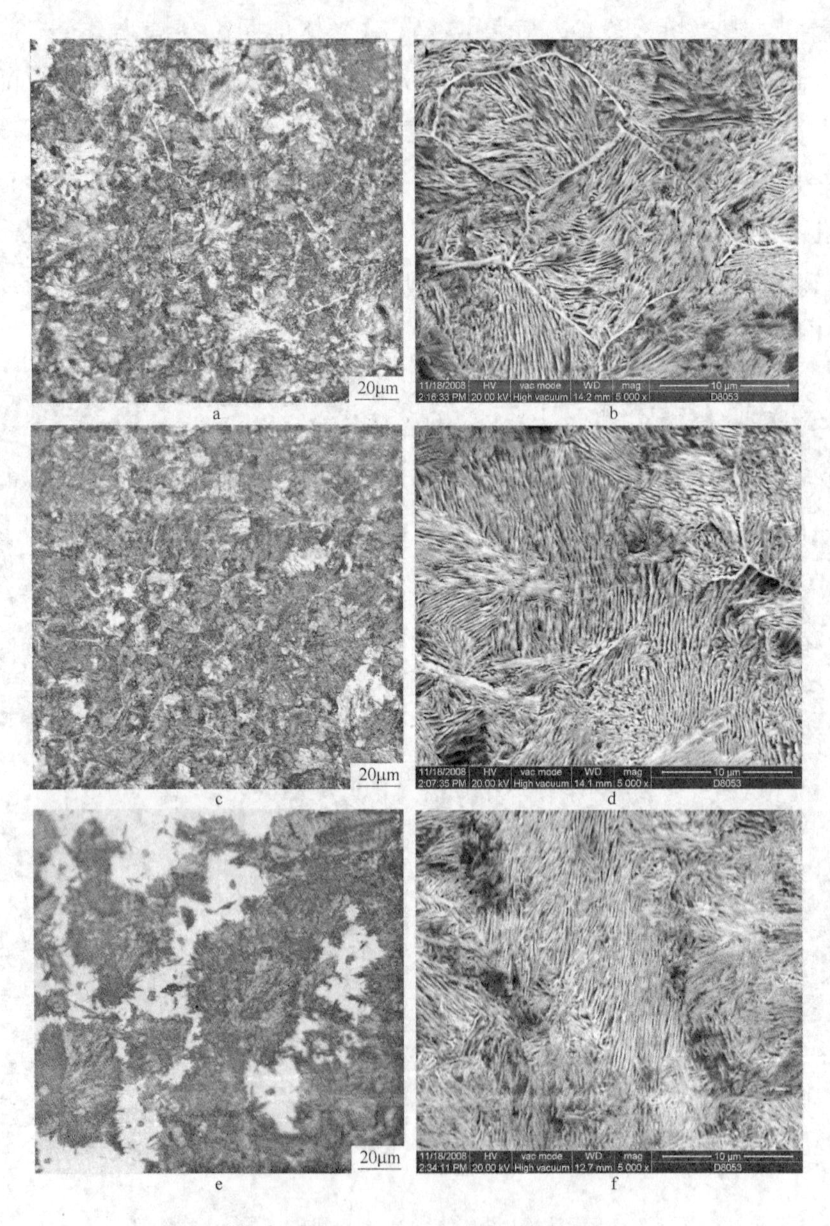

图 3-9 不同缓冷速度连续冷却到室温后组织

a，b—$v=1$℃/s；c，d—$v=2$℃/s；e，f—$v=4$℃/s

从图 3-9 中可以看到，GCr15 轴承钢高温变形后以 10℃/s 冷却速度冷却到 700℃，在接下来的缓慢冷却过程中，随着缓慢冷却速度的增加，晶界处二次碳化物析出减少。缓慢冷却速度为 1℃/s 时，在晶界处仍然能到呈网状连接的二次碳化物，但是与图 3-5b、图 3-6b 中以 10℃/s 冷却到 700℃ 等温处理后的组织相比，可以看到高温变形后经过快冷 + 缓慢冷却，室温组织中珠光体球团直径和晶界处二次碳化物析出量都有所减小，碳化物网状级别减弱；缓慢冷却速度增加到 2℃/s 时，晶界处仍有少量白色二次碳化物析出，如图 3-9c、d 所示，但珠光体片层间距细小，晶界处二次碳化物为短条状，并没有连接成紧密的网状结构；缓慢冷却速度达到 4℃/s，由于冷却速度较快，在珠光体转变区域停留时间太短，残余奥氏体没有完全发生珠光体转变，室温组织如图 3-9e、f 所示，其中灰黑色基体组织为珠光体，灰白色块状组织为淬火马氏体和残留奥氏体组织，晶界处没有发现白色网状二次碳化物析出，珠光体组织大部分为铁素体和渗碳体层叠生长的片层状结构，但是也有少量退火珠光体生成，出现了不规制的近似片层结构。

3.3 分析与讨论

3.3.1 分段冷却过程中二次碳化物的形成

在第 2 章的分析中我们已经知道，在 GCr15 轴承钢的连续冷却过程中，二次碳化物的析出温度范围是 910 ~ 690℃，抑制二次碳化物网状析出的临界冷却速度是 8℃/s，为分析不同冷却工艺对其高温变形后二次碳化物析出的影响，得到抑制网状二次碳化物析出的控冷工艺，在我们的模拟轧制实验中，通过热模拟实验机模拟了轴承钢轧制变形，并对其进行了两种不同工艺的分段冷却（快冷 + 等温工艺、快冷 + 缓冷工艺）。虽然快冷阶段的冷却速度均大于连续冷却过程中抑制二次碳化物析出的临界冷却速度 8℃/s，抑制了快冷阶段网状二次碳化物的析出，但是经过随后的不同时间等温过程后，在其室温显微组织中均出现不同程度的网状二次碳化物析出现象，随着快冷阶段冷却速度增加、等温温度的降低和等温时间的减少，网状二次碳化物析出趋势减弱；在快冷 + 缓冷工艺中，随着缓冷段冷却速度的增加，网状二次碳化物析出趋势也同样减弱。

为了深入分析快冷后等温过程中二次碳化物组织的生成机制，我们对以10℃/s冷却速度冷却到700℃后等温200s，并淬火到室温后的试样进行透射分析，图3-10所示为二次碳化物形貌和其电子衍射花样照片，并对其进行了电子衍射花样标定。

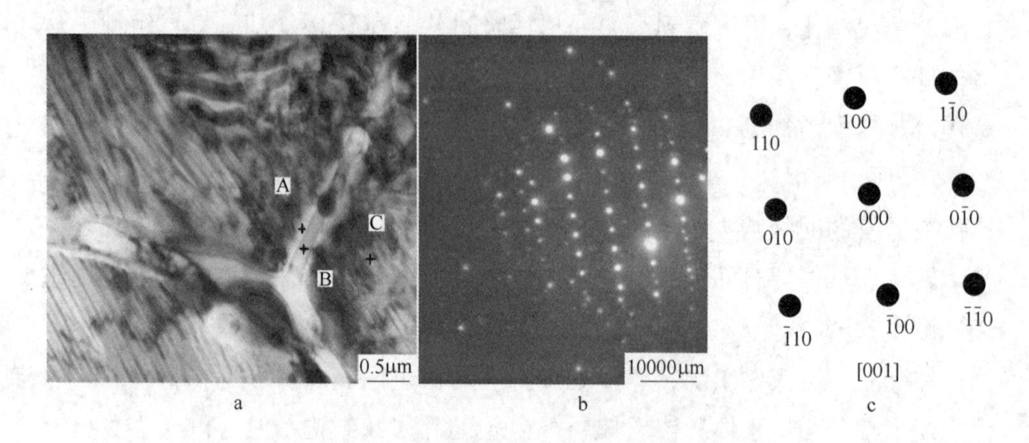

图3-10　700℃等温过程中形成二次碳化物形貌

a—二次碳化物形貌；b—电子衍射花样；c—示意图

从图3-10中可以看到，GCr15轴承钢热变形后，在700℃等温过程中所生成的二次碳化物为正交渗碳体型碳化物（Fe，Cr）$_3$C，与缓慢连续冷却过程中所生成的二次碳化物一样，为骨骼状形貌，并沿大角度晶界析出。通过能谱分析仪对图3-10a中三点A（晶界处贫碳区）、B（晶界处二次碳化物）和C（珠光体基体）进行能谱分析，分析等温组织中各元素含量的变化。由于设备限制，对C含量的测定存在误差，因此在实验中仅对Fe、Cr含量的变化进行测定。能谱分析如图3-11所示。

通过能谱分析可以看到，GCr15轴承钢热变形后，在700℃等温过程中形成的组织中，其晶界处二次碳化物中的Cr含量明显高于基体珠光体组织中的含量，而且在晶界处二次碳化物析出位置附近，出现贫Cr区，能谱分析中检测不到Cr元素的存在。分析原因是，实验钢在热变形后以10℃/s冷却速度冷却到700℃过程中，由于冷却速度达到了抑制连续冷却过程中网状碳化物析出的临界冷却速度的要求，因此仅有少量二次碳化物弥散析出（图3-4a中可以看到）。但是由于C、Cr等合金元素向晶界处的扩散速度远远大于晶内扩

散，

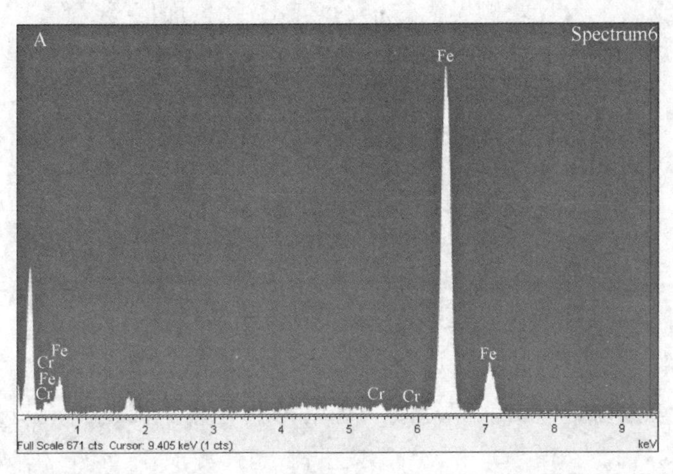

元素	质量分数/%	原子分数/%
Cr K	0.08	0.075
Fe K	99.92	99.925
合计	100.00	

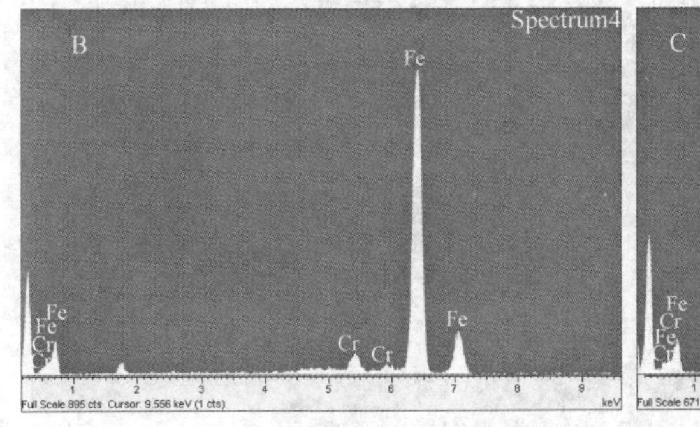

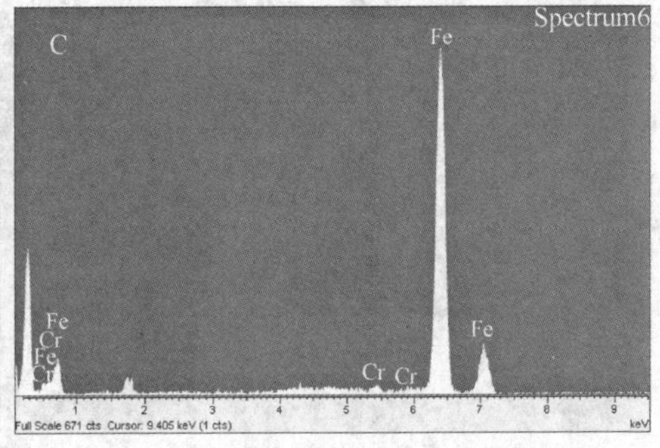

元素	质量分数/%	原子分数/%
Cr K	4.90	5.24
Fe K	95.10	94.76
合计	100.00	

元素	质量分数/%	原子分数/%
Cr K	1.68	1.80
Fe K	98.32	98.20
合计	100.00	

图 3-11　700℃等温组织中不同位置能谱分析（v=10℃/s）

A—晶界贫碳区；B—晶界处二次碳化物；C—基体中珠光体结构

散，因此在10℃/s的冷却过程中，仍然有大量的合金元素向晶界处聚集，导致晶界处C、Cr含量增加。在随后的等温过程中，原本在晶界处弥散析出的二次碳化物长大，吸收两侧奥氏体中的C、Cr元素而使得其C、Cr浓度降低，因此出现了晶界附近的贫Cr区。而晶界处二次碳化物则大量聚集长大，连接成紧密的网状分布。而实际上Cr元素向晶界的扩散系数远远小于C的扩散系数，虽然在我们的能谱测量中不能对C元素的变化进行测定，但是我们可以推理，晶界处二次碳化物中的C含量也远远大于基体珠光体中的C含量，二次碳化物附近出现的为贫C、Cr区。

通过实验我们发现，虽然以10℃/s冷却速度连续冷却到700℃的等温过程中，仍然有严重的网状二次碳化物析出现象，但是快冷阶段冷却速度的增大，对网状碳化物的析出能够起到一定的抑制作用。因此我们对提高快冷段冷却速度后分别以30℃/s、50℃/s冷却到700℃后等温处理的试样进行透射分析，如图3-12所示。

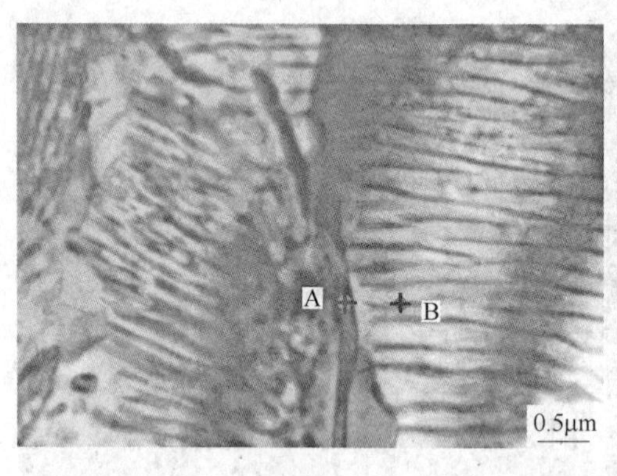

a

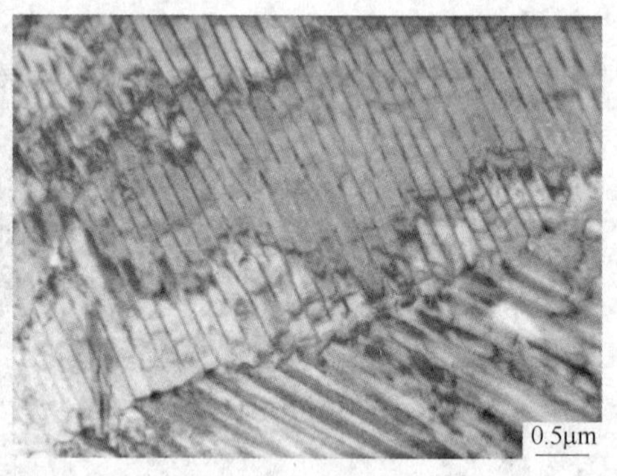

b

图3-12 不同冷速冷到700℃等温组织透射形貌

a—v=30℃/s；b—v=50℃/s

从图3-12中可以看到，随着快冷段冷却速度的增大，晶界处二次碳化物为短棒状不连续析出，而且厚度变小，当快冷段冷却速度达到50℃/s时，在晶界处看不到二次碳化物的条状析出。

为了分析快冷段冷却速度对组织中合金元素含量的影响，分别对图3-12a中两点A（晶界二次碳化物）、B（珠光体基体）进行点能谱分析，结果如图3-13所示。

从图3-13中可以看到，在快速冷却阶段冷却速度为30℃/s时，晶界处二

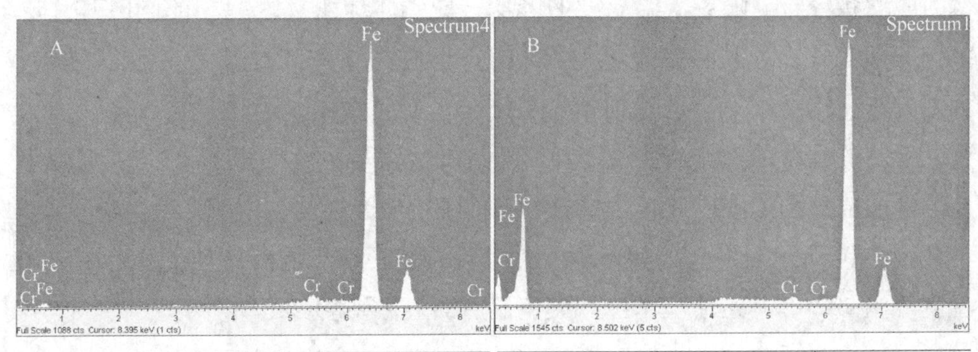

元素	质量分数/%	原子分数/%
Cr K	1.82	1.95
Fe K	98.18	98.05
合计	100.00	

元素	质量分数/%	原子分数/%
Cr K	1.73	1.86
Fe K	98.27	98.14
合计	100.00	

图 3-13 700℃等温组织中不同位置能谱分析（v = 30℃/s）

A—晶界处二次碳化物；B—基体中珠光体结构

次碳化物中 Cr 含量仅比基体珠光体中 Cr 含量高 0.09%。与图 3-11 对比可以看到，随着快冷阶段冷却速度的增加，晶界处二次碳化物中 Cr 含量明显减少，而珠光体基体中 Cr 含量有少量增加。这是因为快冷阶段冷却速度的增加，减少了二次碳化物的析出，也减弱了 C、Cr 元素向晶界处的聚集的趋势，因此在随后的等温阶段，晶界处没有足够的 C、Cr 元素加速二次碳化物的析出长大，碳化物厚度减薄，并且呈现不连续短棒状结构，二次碳化物中 C、Cr 元素含量减少，而同时基体珠光体中 C、Cr 元素含量增加。

先共析二次碳化物的析出是与 C、Cr 元素在奥氏体中的扩散密切联系的，同样的道理，在快冷 + 缓冷阶段，虽然快冷阶段冷却速度仅为 10℃/s，但是随着缓冷阶段冷却速度的加快，C、Cr 等碳化物形成合金元素向晶界处的扩散更加困难，因此也同样可以达到抑制晶界处网状二次碳化物析出的目的。

3.3.2 分段冷却条件下的珠光体转变

通过对不同冷却工艺处理后 GCr15 轴承钢的室温组织进行分析得知，随着快冷阶段冷却速度的增加和等温温度的降低，珠光体结构有大块状结构转变为团絮状分布。随着等温温度的降低，珠光体球团直径减小的同时其片层结构变细变短，等温温度降低到 550℃，仅有少量珠光体呈现片层状结构，大部分珠光体已经不再是规则的片层结构，而是发生了退化现象，珠光体为杂乱无章的分布结构。当快速冷却阶段冷却速度增大到 50℃/s 时，其显微组织为铁素体片和渗碳体片紧密堆叠分布的细小珠光体片层组织。

图 3-14 所示是 GCr15 轴承钢在快速冷却阶段以不同冷却速度冷却到不同温度等温 200s，并迅速喷水冷却到室温后的显微硬度变化图。

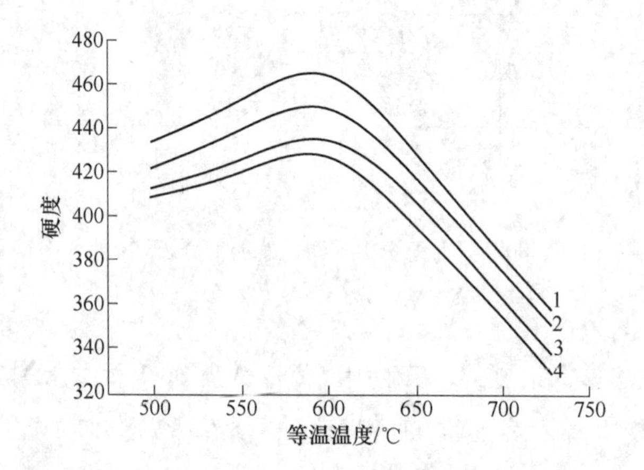

图 3-14 快冷 + 等温后珠光体显微硬度值变化

1—v = 50℃/s；2—v = 30℃/s；3—v = 20℃/s；4—v = 10℃/s

从图 3-14 中可以看到，在相同等温温度条件下，随着快冷阶段冷却速度的增加，其显微硬度增加；而随着等温温度的降低，珠光体显微硬度开始呈现增加趋势，等温温度为 600℃ 时达到极大值，之后随着等温温度降低，其显微硬度值有下降趋势，但是下降趋势缓慢，快冷阶段冷却速度为 10℃/s，等温温度为 500℃ 时，其显微硬度值为 411HV，仍然略大于等温温度为 650℃ 时的显微硬度值。

这是因为在快速冷却阶段，随着冷却速度的增加，奥氏体中 C、Cr 向晶界处聚集趋势减弱，则珠光体基体内部 C、Cr 含量增加，起到强化珠光体的作用，其显微硬度值呈现增加趋势；而在快冷阶段冷却速度相同的条件下，随着等温温度由 730℃ 降低到 600℃，由于过冷度增加，则珠光体球团直径和片层间距减小，单位体积内片层排列方向增多，铁素体片和渗碳体片变细变短，相界面增加，因此抗变形能力增大，导致显微硬度值逐渐增大，而同时由于等温温度降低，奥氏体中的C、Cr元素向晶界处扩散趋势减弱，增大了基体中的C、Cr含量，也起到了增加珠光体显微硬度的作用[104]；随着等温温度由600℃降低到500℃，在这个温度范围内，由于温度已经很低，C、Cr的扩散系数变化不大，因此珠光体中C、Cr元素含量变化不大，而由于过冷度过大，出现退化珠光体组织，珠光体结构为不规则的粗大片层结构，在500～600℃范围内，由珠光体片层间距增大所导致的珠光体显微硬度减小趋势占主导地位，因此出现珠光体显微硬度略有下降趋势。

通过对本章中的实验结果进行分析总结可以看到，在轴承钢热变形后的冷却过程中，要想得到抑制网状碳化物析出的利于球化退火的细片层状珠光体，既要在高温区（900～700℃）达到一定的冷却速度，抑制快冷过程中网状二次碳化物的析出和C、Cr元素向晶界处扩散，又要保证在珠光体转变区（710～600℃）停留足够的时间，保证完全发生珠光体转变，得到细小球团直径和片层间距，而晶界处又不会产生网状二次碳化物的析出。因此通过制定不同温度区间的冷却工艺，让快冷段冷却速度与珠光体转变温度区域冷却速度合理组合，就能够得到抑制网状碳化物析出的细小珠光体组织。

3.4 小结

（1）GCr15轴承钢以10℃/s冷却速度冷却到700℃等温处理过程中，随着等温时间延长，室温组织中珠光体含量增多的同时，晶界处二次碳化物析出趋势也增大，其结构由条状、短棒状逐渐转变为半网状结构、紧密的网状结构，网状级别减弱；晶界处二次碳化物为正交渗碳体型（Fe，Cr）$_3$C。

（2）在以10℃/s冷却速度冷却到不同温度的等温处理过程中，随着等温温度降低，二次碳化物沿晶界析出减弱，珠光体球团直径减小，珠光体片层结构变细变短，并有退化珠光体生成，其显微硬度值随等温温度降低而增大，在600℃出现极大值后呈现下降趋势。

（3）在快冷后等温过程中，随着快冷阶段冷却速度增大，珠光体球团直径减小，二次碳化物由沿着晶界处紧密的网状分布结构转变为不连续点条状分布；冷却速度增加到30℃/s，在晶界处仅有少量点条状二次碳化物存在。当冷却速度达到50℃/s时，在晶界处已经看不到白色的二次碳化物析出，组织为细小的片层状珠光体，并且在晶界处有少量的碳化物粒状倾向；并且随着冷却速度增加，珠光体显微硬度值增加。

（4）在以10℃/s冷却速度冷却到700℃后的缓冷过程中，随着缓慢冷却速度的增加，珠光体球团直径减小，网状级别减弱；冷却速度达到2℃/s时，晶界处仅有少量短条状二次碳化物析出；缓慢冷却速度继续增大，将有淬火马氏体生成，晶界处无网状二次碳化物析出，珠光体组织大部分为铁素体和渗碳体层叠生长的片层状结构，但是也有少量发生退化现象，出现了不规制的片层结构。

（5）增大快冷阶段冷却速度，既可以减少二次碳化物的析出，也可以减弱C、Cr元素向晶界处的扩散趋势，使得在随后的等温阶段，晶界处没有足够的C、Cr元素加速二次碳化物的析出长大，碳化物厚度减薄，并且呈现不连续短棒状结构；而缓冷阶段冷却速度的加快，同样可以减弱C、Cr元素向晶界处的扩散，达到抑制晶界处网状二次碳化物析出的目的。通过制定不同温度区间的冷却工艺，增大快冷段冷却速度并配合以合理的缓冷段速度，就可以达到抑制网状碳化物析出并得到细小片层珠光体的目的。

4 高温终轧后轴承钢新型冷却工艺实验

通过前述的实验工作，我们对轴承钢的连续冷却工艺和高温变形后不同控冷工艺进行了模拟，以不降低产品质量和轧制速度、实现连轧生产提高生产效率的思想为前提，提出了高温变形后快速冷却+缓慢冷却工艺，以达到控制网状碳化物析出得到细小片层珠光体组织的目的。在我国轴承钢棒线材生产过程中，总体思路是低温终轧并辅以一定的快速冷却。石钢新一轧厂生产小规格 GCr15 轴承钢圆材，终轧温度控制在950℃左右，轧后通过水冷以5℃/s 左右的冷却速度快速冷却到600~650℃，最终返红温度为620~650℃，碳化物网状得到一定改善；陕西钢厂生产大断面轴承钢 ϕ34~55mm，终轧温度最高为920℃，轧后进行常规水冷，但是由于冷却强度较小，网状并没有得到理想的控制；西宁特钢集团有限责任公司生产 ϕ50mmGCr15 轴承圆棒材，最高终轧温度为920℃左右，轧后进行常规水冷控制冷却，控制冷却材比空冷材网状级别降低，但由于冷却温度不好控制，控冷材心部有网状组织出现。大冶钢厂根据在小断面棒材上试验研究的结果，在 ϕ500mm 中型轧机上安装了一套钢材轧后淬水设备，用来冷却 ϕ55~80mm 以退火状态出厂供冷加工用的轴承圆钢。钢材在980℃左右终轧，经过锯切、打字之后，在850~920℃淬入水中冷却至650℃以下（表面返红温度）出水缓冷。实际数据显示，碳化物网状十分严重，特别是直径 $\phi \geqslant 60$mm 的大尺寸钢材，网状级别不小于3级。在大断面轴承钢棒材的生产过程中，存在两个问题，一是低温终轧很难实现，二是控制冷却困难。高温热轧后的冷却过程中，棒材由于断面较大会出现内外表面冷却速度不同的问题，心部冷却相对困难，既要提高热轧后棒材心部冷却强度，达到抑制网状碳化物析出的冷却速度要求，又要保证棒材表面终冷温度不低于马氏体转变温度，这就对热轧后冷却工艺和冷却设备提出了更高的要求。

在本研究中，针对上述问题，提出高温终轧后超快速冷却工艺。由于实验室现有轧机设备无孔型系统，无法轧制轴承钢棒材，因此用轧制板材代替棒材，对高温终轧后板材运用表面瞬时冷却速度可达到200℃/s以上的超快速冷却工艺方法进行控制冷却实验，并在球化退火后进行组织性能测试。分析超快速冷却工艺参数对其组织性能的影响规律，并与常规冷却工艺相对比，为超快速冷却技术在轴承钢棒材生产中的应用奠定理论和实践基础。

4.1 实验方法

4.1.1 实验材料与设备

实验所用材料为国内某特殊钢厂生产的GCr15轴承钢坯料，其化学成分如表4-1所示。轧制实验在东北大学轧制技术及连轧自动化国家重点实验室（RAL）配有多种冷却装置的ϕ450mm轧机上进行，高温热轧后冷却装置包括常规冷却器和超快速冷却器，为模拟实验钢轧制后的加速冷却提供了便利条件。在热轧后冷却过程中，通过红外线测温仪对冷却过程中板材表面温度进行测定，时间的测定通过万用秒表进行。将热轧后板材冷却到室温后，取板材长度方向中间位置制作金相试样进行显微组织观察，腐蚀液为4%硝酸酒精溶液。

表4-1 实验用钢的化学成分（质量分数）（%）

C	Si	Mn	P	S	Cr	Ni	Cu	Mo	Ti	Al
1.02	0.32	0.34	0.009	0.003	1.49	0.07	0.15	0.02	0.0017	0.005

常规冷却的原理是[105,106]：冷却水落到热钢板表面上后，立刻沸腾汽化，在冷却水与钢板的界面上生成一层汽膜。由于汽膜与钢板之间的换热系数远小于水与钢板之间的换热系数，所以汽膜的存在影响了换热效率，使进一步提高冷却速度受到限制。实验室所用的常规冷却装置是使冷却水在高位水箱产生的压力作用下自然流出，形成连续水流。水流连续稳定地落到钢板上后，提高冷却效率。但由于其击破汽膜的范围是很有限的，因此冷却效率并不是很大，最高冷却速度仅能达到40℃/s。

超快速冷却系统原理是：为了提高冷却效率，实验室开发了一种新的冷却系统，其要点是：位置在出轧口，变形后可以立即进行喷水冷却，并减小每个出水口孔径，加密出水口，增加水的压力，以保证小流量的水流也能有足够的冲击力和能量来大面积地击破气膜，其冷却速度可达到200℃/s以上。

为了分析不同冷却工艺对轴承钢球化退火后组织性能的影响，在实验室条件下将轧后板材运用箱式电阻炉 RX-36-10 进行球化退火。退火后实验钢的系列冲击实验是在摆锤式机械冲击实验机上进行的，根据国家金属夏比缺口冲击试验方法 GB/T 229—1994，沿垂直于轧制方向取试样，实验的温度测试范围为 +25 ~ -20℃，在制冷仪器上通过酒精溶液对试样进行控温冷却，由于试样从介质中取出到放在冲击实验机上有时间间隔，为了保证冲击时试样的温度，采取了缩短间隔时间和补偿温度的方法。

金相显微组织观察在 LEICA DMIRM 多功能金相显微镜上进行，在 FEI Quanta 600 扫描电镜上进行扫描电镜分析并进行珠光体片层间距的测量，显微硬度测试在 FM-700 显微硬度测试仪上进行。

4.1.2 实验方案

将坯料在箱式碳棒加热炉中加热到 1050 ~ 1100℃ 并保温 1h，出炉后在 1000℃ 进行 3 道次轧制，终轧温度在 980℃ 左右，终轧后试样规格为 15mm × 40mm × 500mm，总变形量为 53.1%。轧后分别进行三种不同方式冷却：空冷、常规冷却和超快速冷却，其中常规冷却的冷却速度为 30℃/s 左右，超快速冷却的冷却速度在 100 ~ 200℃/s 之间，冷却速度由冷却过程的温降除以冷却时间计算得到。热轧后板材通过不同冷却工艺冷却到一定温度并达到最高返红温度后，由于板材规格较小，为减小缓慢冷却过程中的冷却速度，模拟工业生产中的冷床上冷却，将板材放入铺有石棉毡的铁箱内进行缓冷到室温。高温终轧后冷却实验工艺路线图如图 4-1 所示。为了准确分析不同冷却工艺

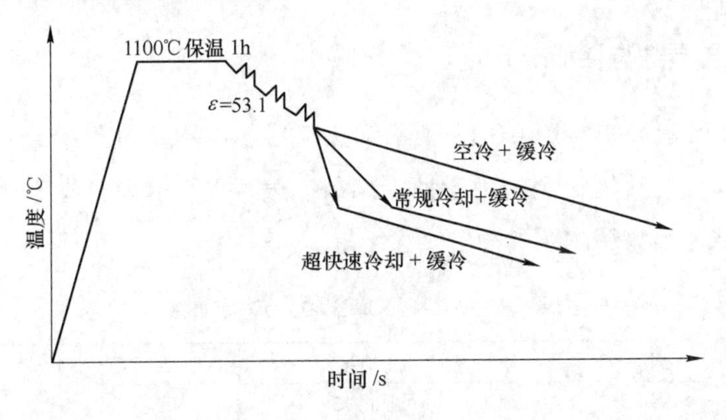

图 4-1 热轧实验工艺示意图

条件下二次碳化物网状级别的变化，将冷却到室温后的试样进行淬回火处理，加热到830℃并保温30min后，迅速进行油冷并在150℃回火2h，用4%硝酸酒精溶液深腐蚀后按照GB/T 18254—2002对其进行网状碳化物级别评定。

球化退火工艺如图4-2所示。将冷却到室温后的板材加热到810℃并保温6h，随炉缓冷到650℃（冷却速度约为0.05℃/s）后出炉空冷。将球化退火后的板材制成冲击标准试样进行系列冲击实验，并对其球化退火显微组织和冲击断口形貌进行观察，分析不同冷却工艺对轴承钢球化退火后组织性能的影响。

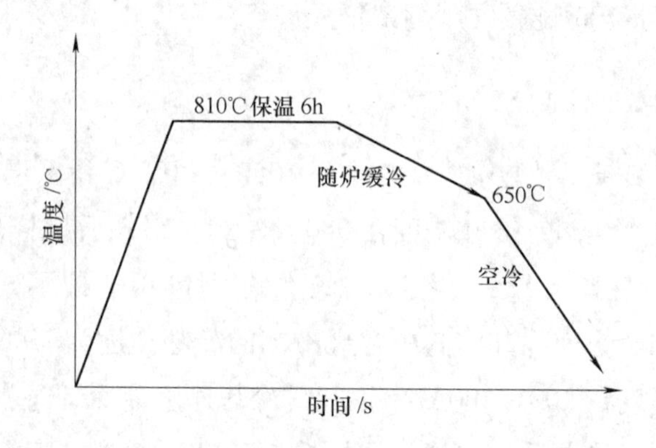

图4-2 球化退火工艺路线

4.2 实验结果与分析

4.2.1 工艺参数与性能

表4-2所示为实验用GCr15轴承钢热轧后不同冷却过程中的实测工艺参数和球化退火实验后得到的力学性能结果。表4-3所示为对应3号工艺条件下实验钢球化退火后的系列冲击实验结果。

表4-2 热轧实验工艺参数与力学性能

工艺编号	开轧温度/℃	终轧温度/℃	冷却速度/℃·s^{-1}	终冷温度/℃	A_{kv}/J	HB
1	998	975	135	800	18.3	169
2	995	978	124	760	18.8	187

续表 4-2

工艺编号	开轧温度/℃	终轧温度/℃	冷却速度/℃ · s^{-1}	终冷温度/℃	A_{kv}/J	HB
3	996	980	130	715	20.65	205
4	995	973	110	615	24.3	217
5	995	981	47	765	17.2	182
6	995	975	35	710	18.6	198
7	985	977	2		16.6	158

注：10mm×10mm×55mm V 形缺口试样。

表 4-3 工艺 3 系列温度冲击实验结果

实验温度/℃	A_{kv}（单值）/J			A_{kv}（平均值）/J	冲击韧性/J · cm^{-2}
23	20.14	20.8	21	20.65	2.95
0	14.8	15.6	14.9	15.11	2.16
-20	7.25	8.01	7.50	7.59	1.08

注：10mm×10mm×55mmV 形缺口试样。

如表 4-2 所示，1~4 号工艺为热轧后进行超快速冷却，5 号、6 号工艺为热轧后常规冷却，7 号工艺为热轧后空冷。从表中可以看到，GCr15 轴承钢经过不同冷却工艺冷却到室温并进行球化退火后，在不同冷却工艺条件下，其力学性能发生了不同程度的改变，冲击韧性为 17.6~24.3J，硬度值为 158~217HB。热轧后随着冷却速度的增大，实验钢的冲击韧性和硬度增大。在超快速冷却过程中，随着终冷温度的降低，冲击韧性和硬度也呈现增大趋势。在工艺 4 条件下得到试样的冲击韧性和硬度值最高。从表 4-3 中可以看到，随着冲击实验温度的降低，工艺 3 条件下板材的冲击韧性也随之降低。这是因为环境温度对材料的韧性有很明显的影响，随着温度的降低，材料的韧性将减小。

4.2.2 热轧并冷却到室温后的显微组织分析

在本实验中，我们对 GCr15 轴承钢在高温热轧后进行了不同的冷却工艺实验（表 4-2 所示），接下来我们将对不同冷却工艺参数对其显微组织的影响进行分析。

热轧后板材横截面示意图如图 4-3 所示，因为红外测温仪所能测定的仅仅是板材表面的温度，因此在多次热轧后冷却试验中，为了使得测量数据具有更强的可靠性和统一性，我们均对板材 A 位置进行温度测量，因此下文中所分析的与所测定的表面终冷温度和冷却速度相对应的显微组织即为图 4-3

中A位置的显微组织。

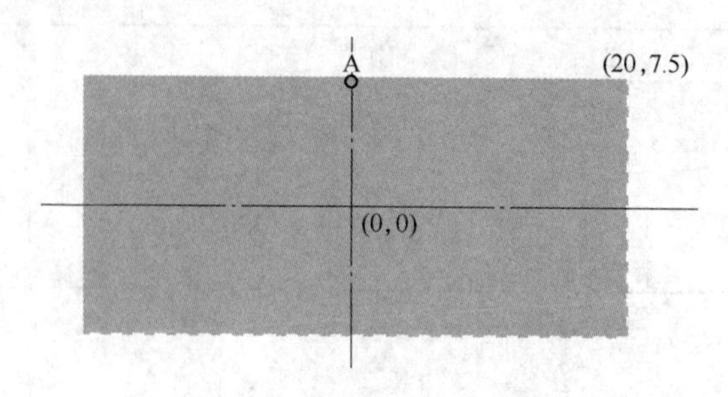

图4-3 试样测温点位置图
（单位：mm）

4.2.2.1 冷却速度对显微组织的影响

图4-4所示为GCr15轴承钢分别经过3号、6号、7号冷却工艺冷却到室

图4-4 不同冷却工艺后室温金相显微组织
a—工艺7；b—工艺6；c—工艺3

温后所得到的试样表面 A 位置的金相组织显微组织。

从图 4-4a 中可以看到，GCr15 轴承钢热轧后空冷到室温后（工艺7），其室温显微组织为珠光体组织和沿着粗大晶界呈网状析出的白色二次碳化物。而通过常规冷却工艺，热轧后以 35℃/s 冷却速度快速冷却到 710℃后缓慢冷却到室温（工艺6），其室温显微组织中珠光体球团直径明显减小，晶界处少量白色二次碳化物呈现不连续的点条状结构，如图 4-4b 所示。冷却速度进一步增大，热轧后通过超快速冷却，以 130℃/s 冷却速度超快速冷却到 715℃后缓慢冷却到室温（工艺3），珠光体组织为轮廓不光滑的团絮状析出，白色二次碳化物弥散析出，看不到网状结构，如图 4-4c 所示。

图 4-5 为与图 4-4 所相对应的室温组织扫描照片。从图 4-5 中可以看到，

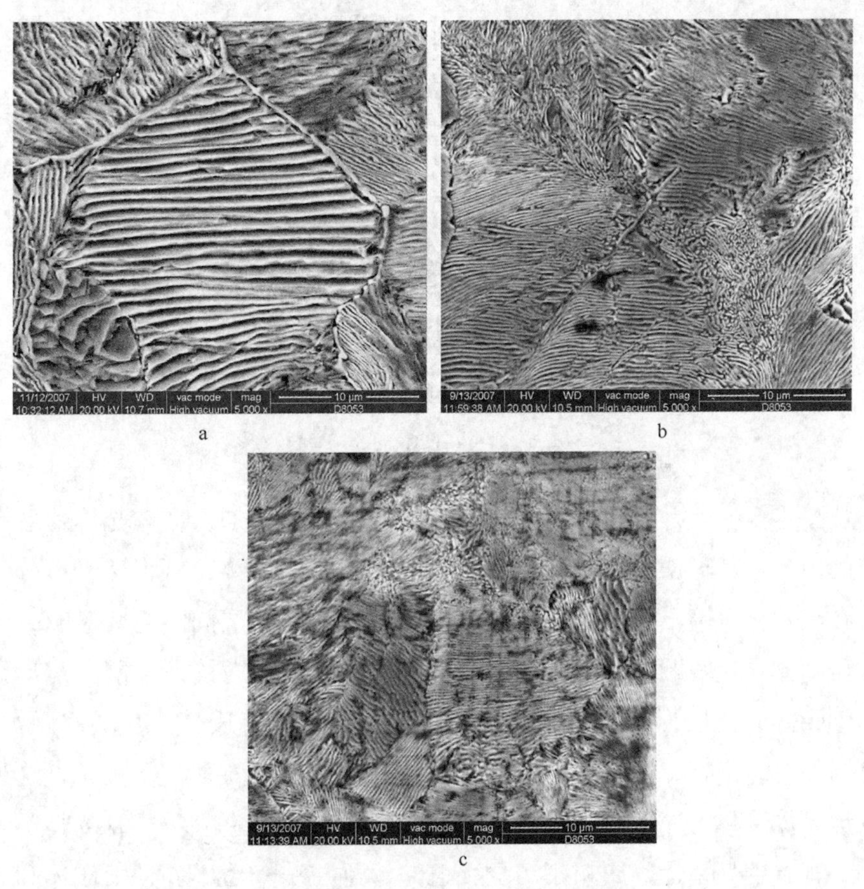

a b c

图 4-5 不同冷却工艺后的室温扫描组织照片

a—工艺7；b—工艺6；c—工艺3

随着高温阶段冷却速度的增加，珠光体球团直径和片层间距减小，在工艺7条件下，可以看到二次碳化物在晶界处以紧密的网状结构连接，随着冷却速度增大，在工艺6条件下，晶界处仅有少量二次碳化物析出，并呈现不规则点、条状连接。在工艺3条件下，由于冷却速度进一步增加，晶界中看不到白色二次碳化物析出，室温组织为一层铁素体片和一次渗碳体片紧密堆叠生成的细小珠光体组织，珠光体片层间距进一步减小。

图4-6所示为GCr15轴承钢热轧后不同冷却速度对室温组织显微硬度以及珠光体片层间距的影响。

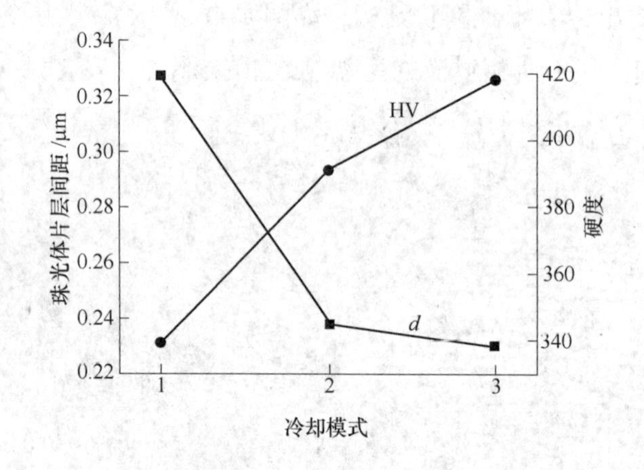

图4-6 冷却速度对显微硬度和珠光体片层间距的影响

1—v=2℃/s；2—v=35℃/s；3—v=130℃/s

从图4-6中可以看到，随着热轧后冷却速度的增加，在珠光体片层间距减小的同时，其显微硬度值增大。根据片层间距的大小，可将珠光体分为三类。在光学显微镜下可以分辨出片层的珠光体，其片层间距为0.3～0.6μm，称为珠光体。片间距为0.15～0.3μm，只有在高倍显微镜下才能分辨出铁素体和渗碳体的片层形态，这种细片状珠光体又称作索氏体。片层间距极细，只有0.1～0.15μm，在光学显微镜下无法分辨其片层特征而呈黑色，这种极细的珠光体又称为屈氏体[107]。珠光体、索氏体、屈氏体都属于珠光体类型的组织，其差别只是片间距粗细不同而已。但是与珠光体不同，索氏体和屈氏体也称为伪共析组织。它们属于奥氏体在较快速度冷却时得到的不平衡组织，其碳的质量分数或多或少偏离平衡相图上的共析成分。关于伪共析组织的生成机理我们将在后面的讨论中进行分析。

对 GCr15 轴承钢热轧后进行快速冷却，使钢材从 950℃迅速冷却到 710℃左右，既控制了变形奥氏体状态，阻止奥氏体晶粒的长大，又抑制了二次碳化物的大量析出，固定由变形引起的位错，降低珠光体相变温度，得到球团直径和片层间距都较小的珠光体型组织。在热轧后空冷过程中形成的组织为珠光体，其片层间距为 0.327μm，而在常规冷却和超快速冷却过程中，由于冷却速度较快，形成组织为索氏体组织，其片层间距分别为 0.238μm、0.224μm。索氏体片层间距较小，因此铁素体和渗碳体的相界面较多，对位错运动的阻碍越大，即塑性变形功越大，因此强度提高[108]。而且较小的片层间距也有利于下一步的球化退火。

4.2.2.2 超快速冷却终冷温度对显微组织影响

通过上面的分析可以看到，GCr15 轴承钢高温终轧后通过提高冷却速度，可以达到抑制网状碳化物析出，并细化珠光体球团直径和片层间距的作用。接下来我们将对超快速冷却终冷温度对轴承钢显微组织的影响进行分析。图 4-7 所示是 GCr15 轴承钢分别经过 1 ~ 4 号冷却工艺冷却到室温后试样表面 A 位置的金相显微组织。图 4-8 所示为与其相对应的扫描照片。

将图 4-7 中显微组织与图 4-4a 热轧后空冷到室温的显微组织对比，可以看到，经过超快速冷却，珠光体球团直径减小。从图 4-7a、b 中可以看到，超快速冷却终冷温度在 750℃以上时，金相显微组织为球团状珠光体和沿晶界处呈白色网状的二次碳化物。随着终冷温度降低，珠光体球团直径减小，其形貌从球团状转变为团絮状，在晶界处看不到白色网状碳化物析出（图 4-7c、d）。

进一步从图 4-8 的 SEM 分析中可以看到，超快速冷却终冷温度为 800℃时，显微组织为粗片状珠光体和晶界处粗大的白色二次碳化物，与空冷后的显微组织相比（图 4-5a），由于珠光体球团直径相对空冷材减小而使得晶粒细化，则沿晶界析出的一定数量的碳化物分布在较大的晶界面上，因此碳化物厚度相对减薄。随着终冷温度降低，珠光体片层间距减小，终冷温度为 715℃时，晶界处已经看不到白色的二次碳化物析出，片层状铁素体和渗碳体紧密堆叠生长。终冷温度是 615℃时，珠光体发生了一定程度的退化现象，

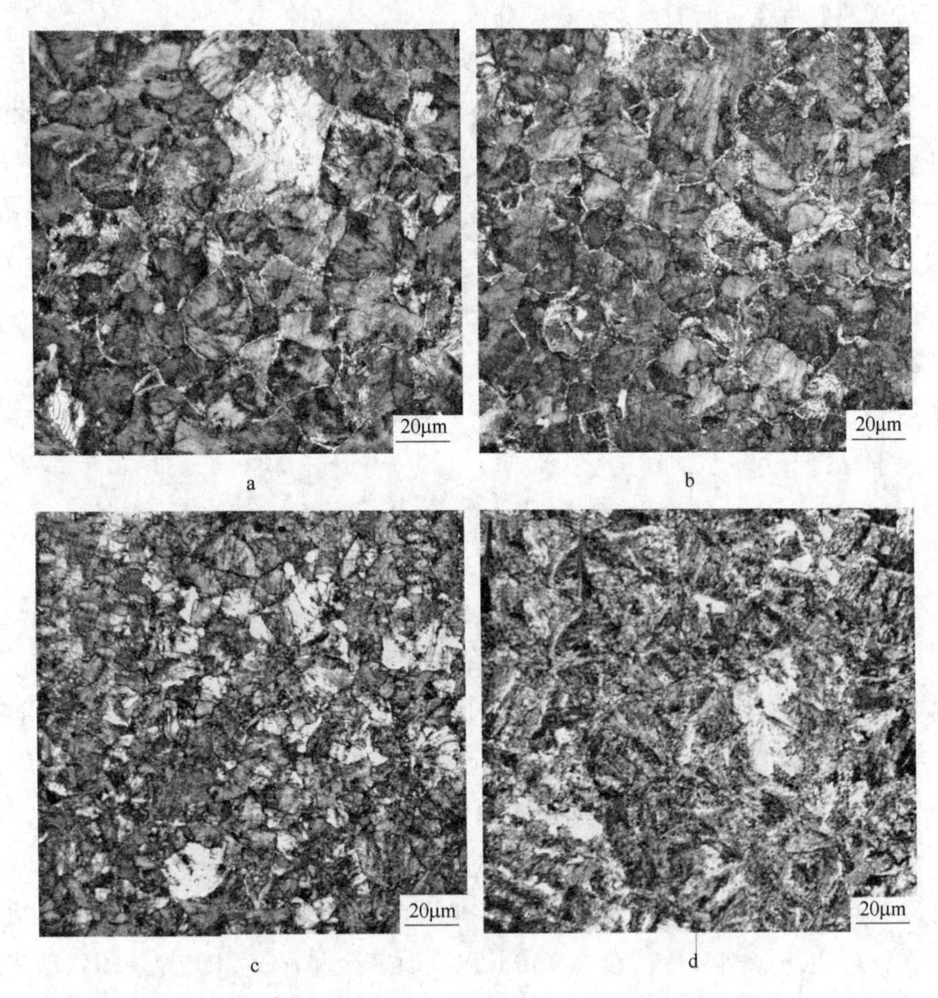

图 4-7 超快速冷却不同终冷温度对金相显微组织的影响

a—800℃；b—760℃；c—715℃；d—615℃

渗碳体结构发生不规则变化，有少量退化珠光体生成。

图 4-9 所示是 GCr15 轴承钢分别经过 1 ~ 4 号冷却工艺冷却到室温后超快冷终冷温度对显微硬度的影响。

从图 4-9 中可以看到，GCr15 轴承钢经过热轧后，随着超快速冷却终冷温度的降低，其显微硬度升高，当终冷温度为 615℃ 时，显微硬度值达到 426HV。这是因为随着超快冷终冷温度的降低，珠光体球团直径和片层间距减小的同时，也抑制了 C、Cr 元素向晶界处聚集，增加了珠光体型组织中的 C、Cr，达到了提高硬度的作用。

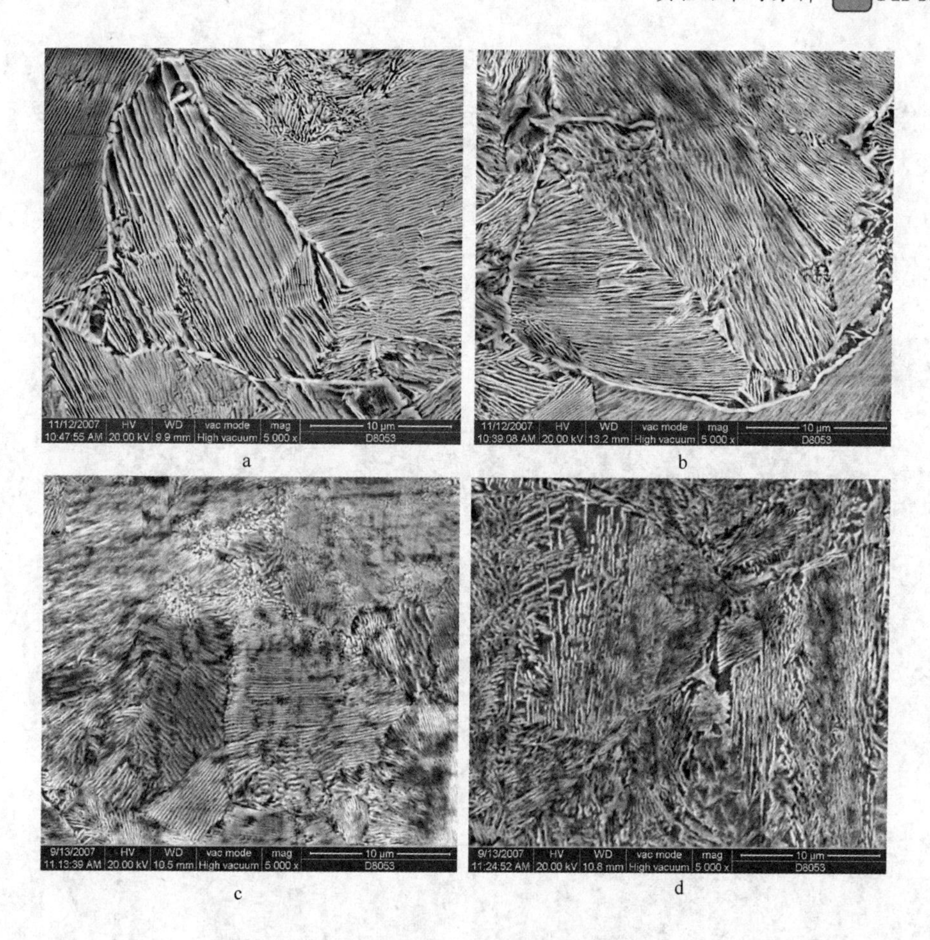

图 4-8　超快速冷却不同终冷温度后的扫描照片

a—800℃；b—760℃；c—715℃；d—615℃

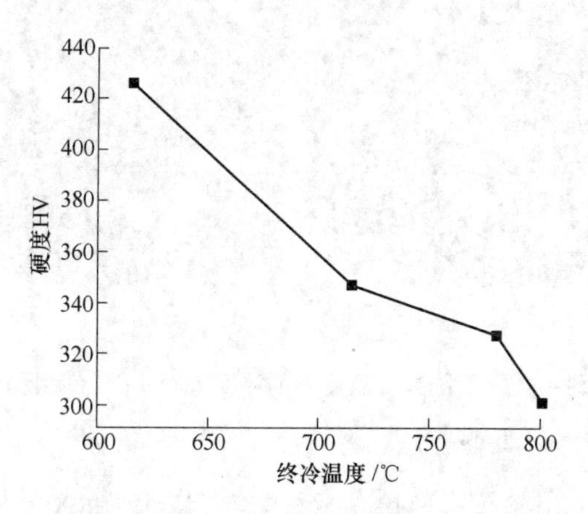

图 4-9　超快速冷却终冷温度对显微硬度影响

为了更加准确地分析超快冷过程中终冷温度对网状二次碳化物析出的影响作用，我们将经过工艺 1～4 冷却到室温的试样进行淬回火处理，按照 GB/T 18254—2002 对其进行网状碳化物级别评定。图 4-10 所示是轴承钢 GCr15 分别经过 1～4 号冷却工艺冷却到室温，然后进行淬回火后深腐蚀得到的网状碳化物组织。

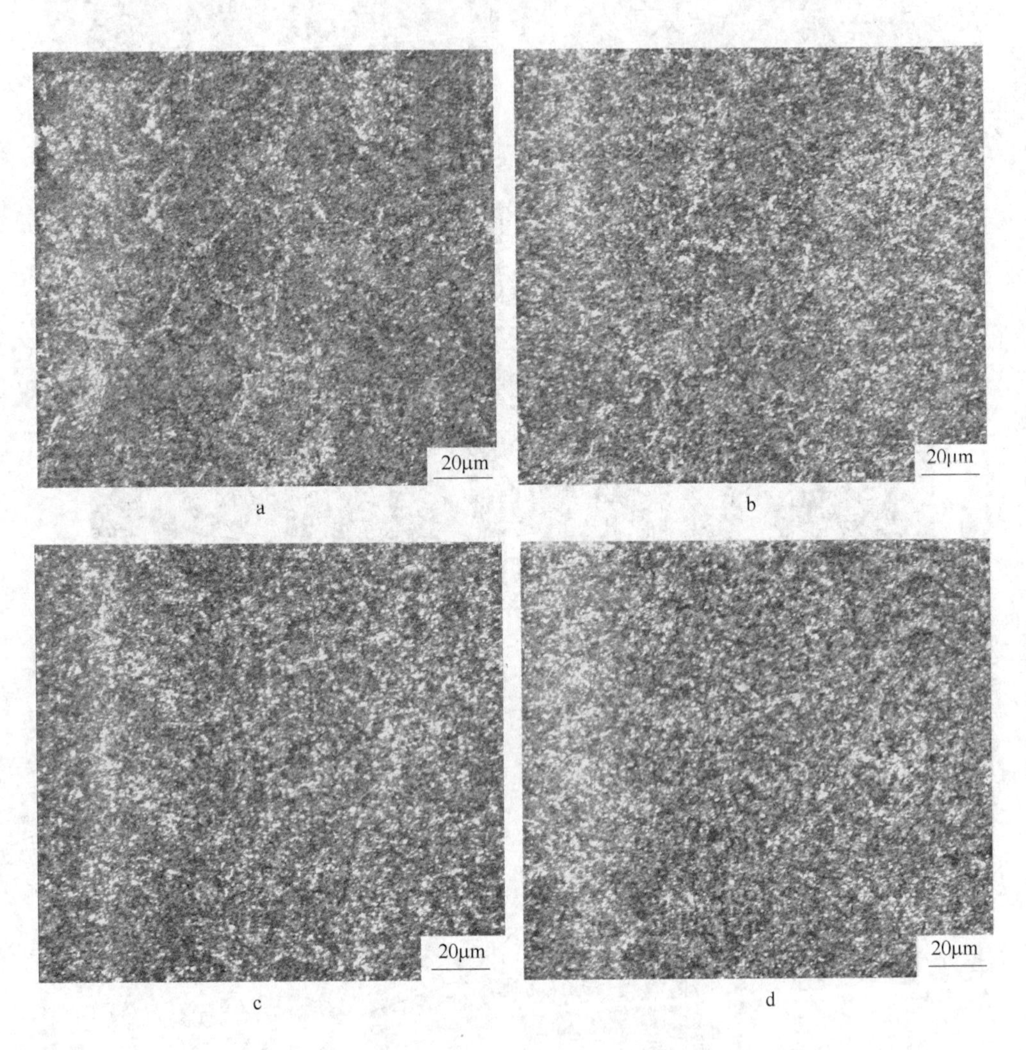

图 4-10 不同终冷温度后的淬回火网状碳化物组织

a—800℃；b—760℃；c—715℃；d—615℃

从图 4-10 中可以看到，超快速冷却终冷温度为 800℃时，二次碳化物为紧密网状结构，其网状级别为 4 级。随着超快速冷却终冷温度降低到 715℃以下，网状级别降低到 2 级，二次碳化物弥散析出[109,110]。

4.2.2.3　板材断面不同位置显微组织特征

通过前面的分析可以看到，高温终轧后 GCr15 轴承钢板材经过冷却速度分别为 35℃/s、130℃/s 的常规冷却和超快速冷却后（工艺 3、工艺 6），板材表面组织均为抑制了紧密网状碳化物析出的珠光体组织。但是由于常规冷却和超快速冷却都通过不同方式水冷，冷却速度较快，虽然板材厚度并不是很大，但是仍然会沿厚度方向产生一定的内外温差，内部冷却速度相对应表面冷却速度减小。这种冷却速度的不同必然会对断面不同位置的显微组织产生影响，因此有必要对板材内部显微组织进行分析。接下来将采用上述两种冷却工艺冷却到室温后板材横断面边部到心部的金相组织进行对比，如图 4-11

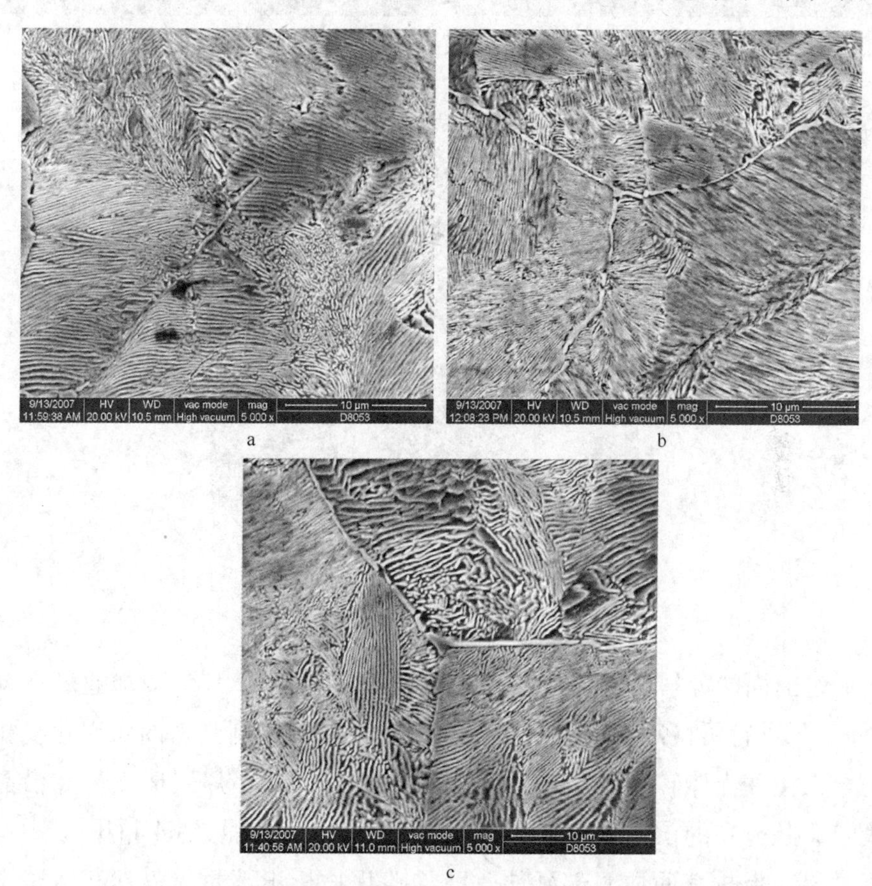

图 4-11　板材常规冷却横断面不同位置的显微组织

和图 4-12 所示。图 4-11 和图 4-12 中，a ~ c 分别为由板材边部每隔 2.5mm 至心部的金相照片。

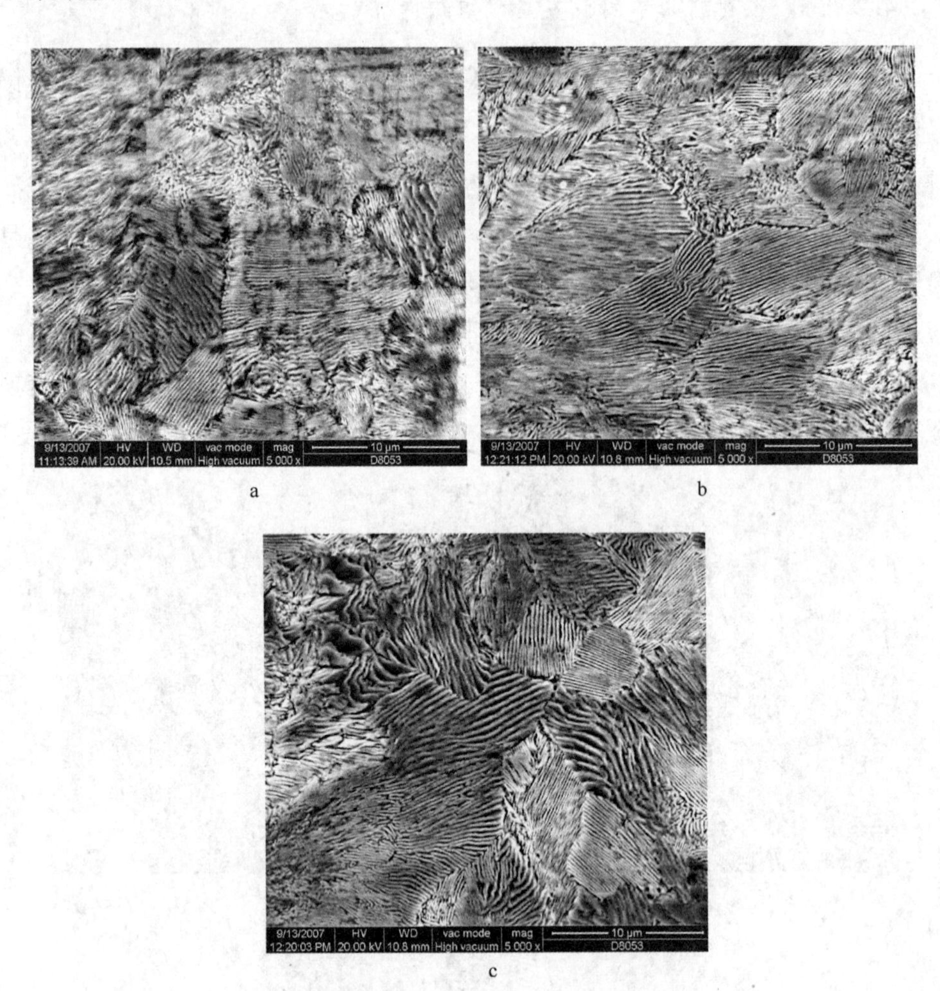

图 4-12　超快速冷却横断面不同位置的显微组织

通过前面的分析已经知道，高温热轧后板材以 35℃/s 冷却速度冷却到 710℃后再进行缓慢冷却，其表面冷却速度达到了抑制紧密网状碳化物析出并完全发生珠光体转变的条件，表面部分组织为细小片层珠光体和沿晶界呈现点条状分布的白色二次碳化物（图 4-11a）。但是从图 4-11b、c 中可以看到，沿着板材表面向心部延伸，网状碳化物析出严重。显然，由于常规冷却强度较低，板材内部冷却速度相对缓慢，不能达到抑制网状碳化物析出的冷却速度要求，通过常规冷却后板材断面出现了组织不均匀现象，这对轴承钢的冷加工性能和接下来的球化退火工艺都是不利的，上述弊端暴露出该工艺的不足。

GCr15 轴承钢板材高温终轧后运用超快速冷却工艺，在 980 ~ 715℃范围内以 130℃/s 冷却速度冷却后进行缓慢冷却，其表面既抑制了晶界处二次碳化物的网状析出，又得到了完全的珠光体组织，表面室温组织为细小的片层珠光体组织（图 4-12a）。由于超快速冷却强度较大，表面冷却速度快，因此在冷却过程中板材内外部形成较大温差，提高了板材内部冷却速度，其内部室温组织也为抑制了网状碳化物析出的片层珠光体，达到了抑制网状碳化物析出的冷却速度要求。由于内部冷却速度相对表面减小，沿着板材表面向心部延伸，其珠光体片层间距相对于表面位置片层间距增大（图 4-12b、c）。

4.2.3 球化退火后组织分析

在轴承钢的工业化生产中，为了得到优越的可加工性能，轴承钢热轧后必须经过球化退火，使碳化物完全球化，碳化物呈现较小的球粒状均匀地分布在铁素体基体上，硬度值在 200HB 左右，这样的组织可加工性能好，过热敏感性低，淬火回火后的残留碳化物细小且分布均匀，因此轴承钢的耐磨性、弯曲疲劳强度、冲击韧性均较高[111,112]。图 4-13 所示是经过工艺 1 ~4 冷却到室温后，在 810℃进行 6h 球化退火所得到的显微组织。

从图 4-13 中可以看到，经过球化退火后，碳化物都发生了不同程度的球化。但是经过工艺 1、2 冷却到室温后球化退火样，在其组织中能看到少量细片状珠光体结构存在，在晶界处可以看到少量的网状特征存在，球化组织不均匀（图 4-13a、b）。随着超快冷终冷温度降低到 715℃后，球化退火组织中明显的细片状珠光体消失，碳化物呈较小的球状和点状均匀分布在铁素体上，得到均匀的球化珠光体组织。

图 4-14 所示是对应 1 ~4 号工艺冷却条件下球化退火后，实验钢的室温冲击断口照片。

从图 4-14 中可以看到，GCr15 轴承钢球化退火后的冲击断口由沿晶断裂和解理穿晶混合断裂组成。如图 4-14a、b 中所示，工艺 1、2 冷却条件下，晶

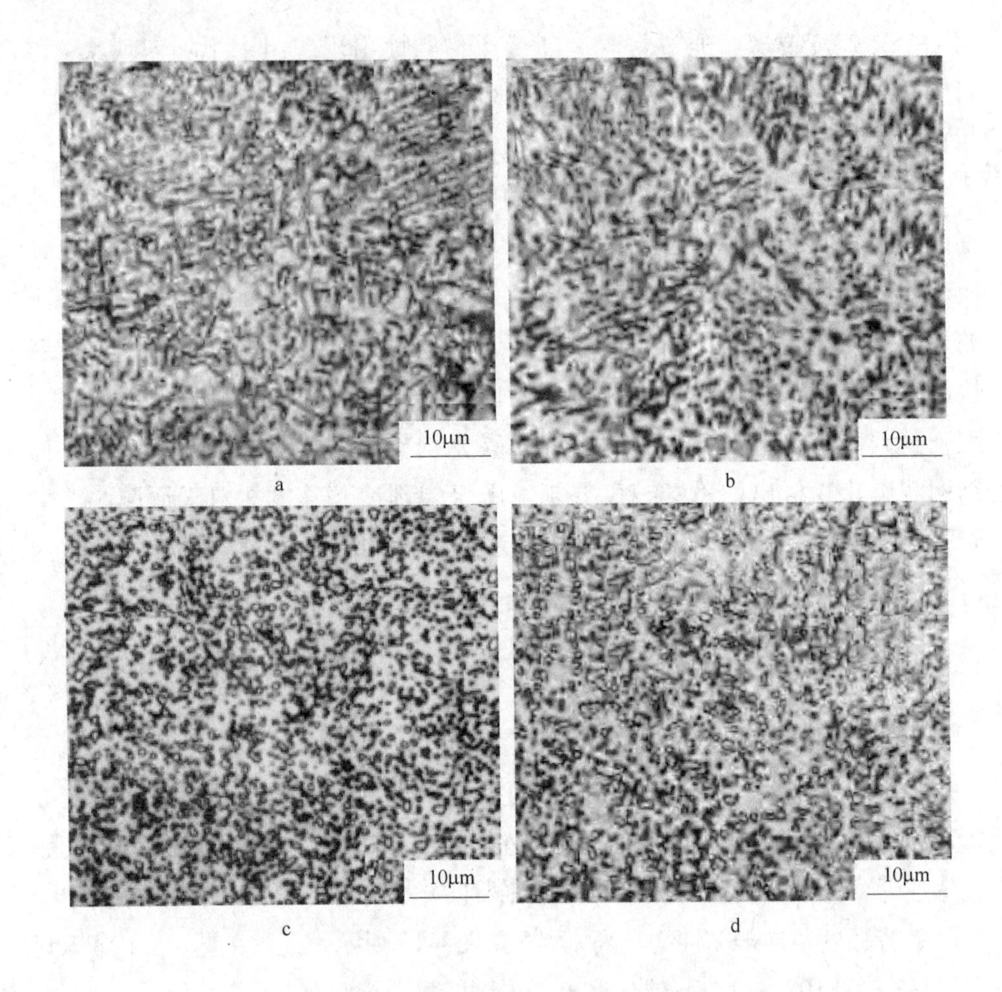

图 4-13 不同工艺冷却后球化退火组织

a—工艺 1；b—工艺 2；c—工艺 3；d—工艺 4

界处网状结构的解理开裂导致脆性沿晶断裂的产生，断口中沿晶断裂较多，裂纹沿晶界扩展清晰可见，也可以看到穿越晶粒前进。混合脆性断口的存在，降低了冲击韧性。如图 4-14c、d 所示，在工艺 1、2 冷却条件下，经过退火后得到了均匀的球化退火组织，其冲击断口以解理穿晶花样为主，高度不同的台阶构成穿晶扇形解理花样。由裂纹源开始，以放射状向前扩展，阶梯的高度随着扩展方向而增加直至晶粒边界，形成所谓的扇形花样[113,114]。可以看到，扇形花样短且不连续，而且在图中可以看到有少量韧窝状花样存在，因此其韧性要相对较好。

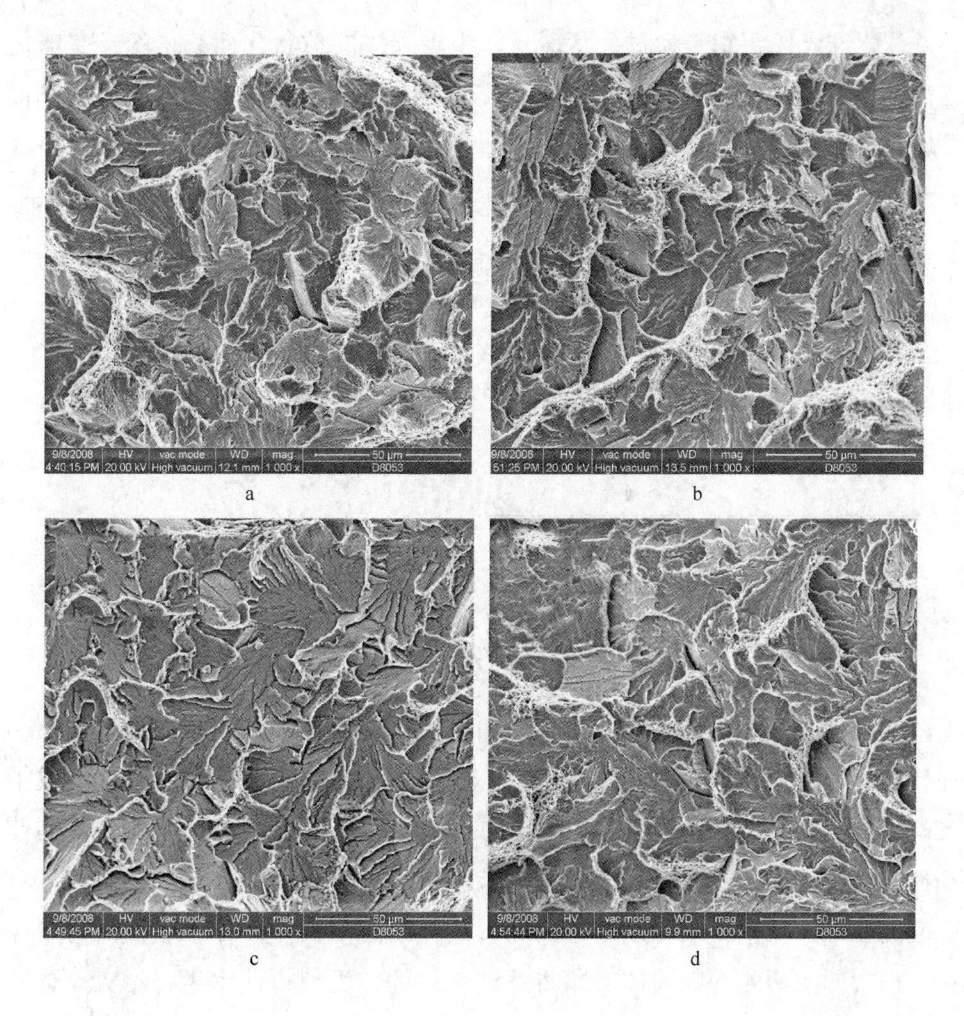

图 4-14 室温冲击断口扫描照片

a—工艺 1；b—工艺 2；c—工艺 3；d—工艺 4

4.3 珠光体球化及抑制机理

4.3.1 片状珠光体球化机理

在超快速冷却过程中，终冷温度过高，则球化退火后球化组织不均匀，晶界处有网状结构存在，随着终冷温度的降低，则球化退火后得到均匀的球化组织。下面我们将对片状珠光体球化机理进行研究，分析不同冷却工艺对珠光体球化的影响。

球化珠光体组织是通过片状珠光体中渗碳体的球状化而获得的。在球化退火过程中，将其加热到 A_1 稍下的较高温度长时间保温，片状珠光体能够自发地变成粒状珠光体。这是由于片状珠光体具有较高的表面能，转变为粒状珠光体后系统的能量（表面能）降低，是个自发的过程。图 4-15 所示为片状珠光体球化机理示意图。

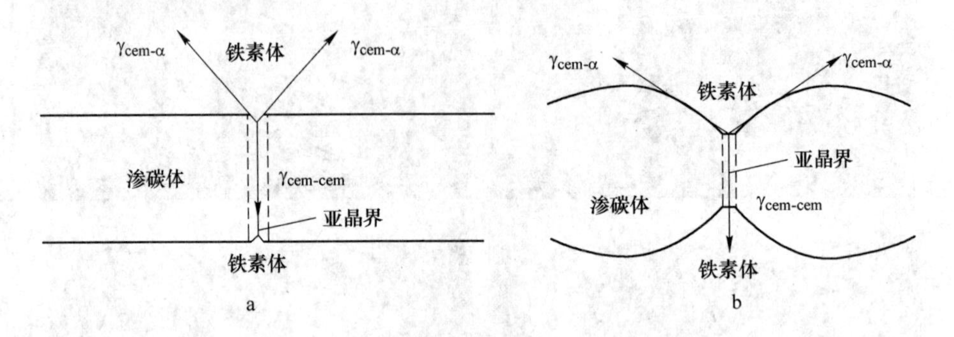

图 4-15　片状珠光体球化机理示意图

片状珠光体是由共析渗碳体片和铁素体片构成的。渗碳体片中有位错存在，并可形成亚晶界或高位错密度区，铁素体与渗碳体亚晶界接触处形成了具有凹陷的沟槽，如图 4-15a 所示。在凹坑两侧的渗碳体与平面部分渗碳体相比，具有较小的曲率半径。与沟槽壁接触的固溶体具有较高的溶解度，将引起碳在铁素体中扩散并以渗碳体的形式在附近平面渗碳体上析出。为了保持平衡，凹沟两侧的渗碳体尖角将逐渐被溶解，而使得曲率半径增大。这样破坏了此处的相界表面张力（$\gamma_{cem\text{-}\alpha}$ 与 $\gamma_{cem\text{-}cem}$）平衡。为了保持这一平衡，凹沟槽将因渗碳体继续溶解而加深，如图 4-15b 所示。原始组织中的细片珠光体由于珠光体片层间距较小，在加热过程中比粗片状珠光体易于溶解、溶断和形成均匀弥散分布的细小点状碳化物颗粒。这些粒状碳化物细小且有很大分散度，它使奥氏体分解时的碳原子为短程扩散，造成了原子迁移的最有利条件，于是可以加速珠光体球化过程。因此在实验中，随着超快速冷却终冷温度由 800℃降低到 715℃，原始组织中的珠光体片层间距减小，晶界处网状二次碳化物析出减弱并最终消失，因此得到了均匀的球化珠光体组织。而且，随着热轧后终冷温度的降低，过冷度增加，珠光体中位错密度和亚晶界数量增大，也促进了珠光体球化进程。

4.3.2 通过超快速冷却得到抑制网状碳化物析出的细小珠光体组织的原理

在 GCr15 轴承钢板材热轧后的超快速冷却过程中，板材表面以 130℃/s 超快速冷却速度快速冷却到不同温度后进行缓慢冷却，随着终冷温度的降低，珠光体球团直径和片层间距、网状碳化物级别均有不同程度的降低，终冷温度为 710℃左右时，得到了抑制网状碳化物析出的细小珠光体组织。下面我们用图 4-16 来示意说明 GCr15 轴承钢在超快速冷却条件下得到抑制网状碳化物析出的细小珠光体组织的原理。

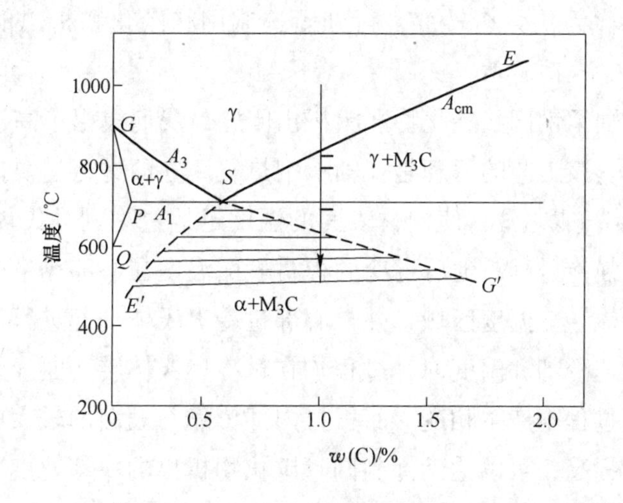

图 4-16 铁碳系准平衡示意图

图 4-16 所示是铁碳系准平衡示意图。图中 *GSE* 线以上为奥氏体区，*ES* 线以右为先共析二次碳化物区。由图 4-16 可以看到，含碳量 1.02% 的 GCr15 轴承钢自奥氏体缓慢冷却过程中，将沿 *ES* 线析出先共析二次碳化物。随着二次碳化物的析出，奥氏体的碳浓度逐渐向共析成分（*S* 点）接近，最后具有共析成分的奥氏体在 A_1 点以下转变为珠光体。若将 A_3 和 A_{cm} 分别延伸到 A_1 温度以下，*SE′*线表示渗碳体在过冷奥氏体中的饱和溶解度极限，*SG′*则为铁素体在过冷奥氏体中的饱和溶解度极限。如图 4-16 中示意，含碳量 1.02% 的 GCr15 轴承钢自奥氏体区以超快速冷却速度快速通过二次碳化物析出区后进行缓慢冷却，随着终冷温度的降低，过冷奥氏体在先共析二次碳化物析出区停留时间减少，虽然不能完全抑制先共析二次碳化物的析出，但二次碳化物

析出量减少，同时也减少了其在晶界处聚集长大的时间，因此网状二次碳化物级别减弱。同时由于过冷度增大，珠光体转变温度降低，在珠光体转变区域内以一定速度缓慢冷却过程中得到细小的珠光体组织。随着终冷温度继续降低，转变温度降低，阴影区浓度差值变大，则珠光体转变前先共析二次碳化物的析出和聚集长大甚微，消除了先共析二次碳化物的网状析出，非共析成分奥氏体被过冷到阴影区后的缓慢冷却过程中，将同时析出铁素体和渗碳体。这种转变过程和转变产物类似于共析转变，但转变产物中铁素体和渗碳体的比值（或转变产物的平均成分）不是定值，而是随着奥氏体碳含量的变化而变化，故称为伪共析转变，得到了抑制网状碳化物析出的细小伪共析组织。

因此针对轴承钢网状碳化物严重析出问题，我们提出了高温热轧后超快冷却的新工艺。该工艺的原理是：轴承钢热轧后立即进行超快速冷却（表面冷速达到100℃/s 以上），使钢材表面的温度迅速过冷到马氏体点（M_s）以上并立即中止强冷过程，随后过冷的板材表面温度在心部热量向外传导过程中回升至珠光体转变温度区域，并与心部过冷奥氏体一起进行缓慢冷却。即钢材表面超快速冷却和温度回升过程均在过冷奥氏体转变曲线的孕育期区域内完成，整个过程不产生相变。而板材内部依靠与表面的较大的温度差，冷却速度也相对提高，可以达到抑制网状碳化物析出的冷却速度要求。通过冷却强度较大的超快速冷却工艺，可提高钢材内外部冷却速度，达到了抑制网状碳化物析出的目的。

4.4 小结

（1）轴承钢板材热轧后，随着高温阶段冷却速度的增加，珠光体球团直径和片层间距减小，网状碳化物级别降低，其球化退火后的冲击韧性值和硬度增大。

（2）在超快速冷却过程中，随着终冷温度的降低，珠光体球团直径和片层间距减小，网状碳化物级别降低。终冷温度过高，则球化退火后球化组织不均匀，晶界处有网状结构存在，其冲击断口由沿晶断裂和解理穿晶混合断裂组成，混合脆性断口的存在降低了其冲击韧性；随着终冷温度的降低，球化退火后的球化组织均匀，其冲击断口以扇形河流状花样为主，并有少量韧窝状花样，韧性相对提高。终冷温度达到615℃时，有少量退化珠光体生成。

（3）轴承钢板材热轧后在常规冷却过程中，表面冷却速度较大，得到了抑制网状碳化物析出的珠光体组织；其内部由于冷却能力不足，冷却速度相对缓慢，室温组织为沿晶界析出的网状二次碳化物和粗大珠光体组织。

（4）轴承钢板材热轧后经过表面冷却速度大于100℃/s 的超快速冷却，内外部均达到了抑制网状碳化物析出的冷却速度要求，整个断面均为抑制了网状二次碳化物析出的细小珠光体组织。由于其心部冷却速度相对表面减小，因此心部珠光体片层间距较表层有一定程度增大。

5 不同断面轴承钢棒材超快速冷却过程温度场模拟

通过分析不同工艺参数对 GCr15 轴承钢组织性能的影响可以知道，要想达到控制网状碳化物析出的目的，就需要在高温终轧后的控冷阶段寻找突破口。在前面的实验中，我们在实验室现有条件下对热轧后轴承钢板材进行了表面瞬时冷却速度可达到 200℃/s 以上的超快速冷却，板材整个横断面组织均为抑制了网状碳化物析出的细片层珠光体组织，说明其内外部均达到了理想的冷却速度。而轴承钢棒材由于断面较大，冷却过程中内部冷却困难，冷却中最难解决的问题是棒材横断面内外温差问题。即快冷后棒材表面和心部存在一定温度差异，在横断面方向上难以得到均匀一致的冷却速度，内部冷却速度缓慢。而且在冷却过程中，既要保证表面终冷温度不能低于马氏体转变温度，而又要使得棒材心部以一定冷却速度降低到珠光体转变温度然后缓冷，这样才能达到要求的控冷目的。因此，针对轴承钢 GCr15 棒材制定合理的冷却工艺，并对其冷却过程中的断面温度场进行模拟计算，具有重要的理论和实际意义。

针对轴承钢棒材冷却过程中所存在的问题，在本章中将超快速冷却技术应用于不同规格的轴承钢棒材，在冷却过程中以大于 400℃/s 的瞬时冷却速度使得棒材表面温度迅速冷却到马氏体转变温度以上，然后依靠内外温差，使得表面温度返红到珠光体转变区域后缓慢冷却的同时，内部也以较大冷却速度快速冷却到珠光体转变温度区域后缓慢冷却。并且针对大断面棒材心部冷却困难的问题，对其进行多次分段超快速冷却。

大型通用软件 ANSYS 能够处理热传递过程的三种基本类型：传导、辐射和对流。在超快速冷却过程中，由于棒材形状的特殊性，红外测温仪所能测定的仅仅是棒材表面的温度，而无法对棒材内部温度变化进行跟踪测量，因此在本章中利用 ANSYS 软件[115,116]对不同断面 GCr15 轴承钢棒材的超快速冷却过程进行有限元计算机模拟分析，通过实验室超快速冷却实验和 ANSYS 软件模拟计算相结合，得到超快速冷却过程中棒材断面的温度场分布，分析断面不同位置在冷却过程中的冷却速度变化，为进一步通过超快速冷却工艺，在现场条件下生产高性能的轴承钢棒材提供理论依据。

5.1 实验材料与方法

实验用材料为国内某钢厂生成的规格分别为 ϕ30mm、ϕ40mm、ϕ60mm 的 GCr15 轴承钢棒材，其化学成分如表 5-1 所示。将不同规格的棒材在 1000℃ 保温 2h，出炉后进行超快速冷却。

表 5-1 实验用钢的化学成分（质量分数） （%）

C	Si	Mn	P	S	Cr	Ni	Cu	Mo	Ti	Al
0.98	0.54	0.34	0.0014	0.002	1.49	0.06	0.10	0.01	0.0044	0.021

加热设备为 RX-36 箱式电阻炉。针对大断面轴承钢棒材心部冷却困难的特点，为了达到超快速冷却效果，使得棒材表面在超快速冷却过程中瞬时冷却速度能达到 400℃/s 以上，超快速冷却设备为实验室条件下自制冷却设备。在箱式电阻炉旁边准备规格为 440mm × 220mm × 250mm 的冷却水箱，内部装满冷却水，将加热并保温后的轴承钢棒材出炉后，迅速通过水箱内进行超快速冷却，使得棒材表面完全与水箱内冷却水接触。实验中通过秒表记录时间，红外测温仪测定棒材表面温度。

5.2 求解温度场的基本原理

5.2.1 传热过程基本方程

以轴承钢棒材作为研究对象来进行温度场模拟计算，首先要建立棒材内部热量传递的导热微分方程。根据能量守恒定律，一个微分单元体内温度升高所需的热量 Q_1 应等于外界传入该单元体的热量 Q_2 以及内部热源提供的热量 Q_3 之和，即：

$$Q_1 = Q_2 + Q_3 \tag{5-1}$$

根据傅里叶（Fourier）传热定律，在单位时间间隔内，对于 x 方向上任意一个厚度为 dx 的微元层来说，通过流层的导热热量与当时的温度变化率及表面积 A 成正比，即：

$$Q_x = -\lambda \frac{\partial T}{\partial x} \cdot A \tag{5-2}$$

式中，“－”表示热量是从高温部分向低温部分传导，传热的方向永远和温度梯度的方向相反；Q_x 是 x 方向上的热流率，即单位时间的热流量，W；A 是垂直于热流方向的表面积，m^2；λ 是材料的导热系数，W/(m^2 · ℃)；T 是 x 方向上的温度梯度，℃/m。

设

$$q_x = -\lambda \frac{\partial T}{\partial x} \tag{5-3}$$

式中，q_x 是 x 方向上单位表面积的热流率，称为比热流率或热流密度，W/m^2，它是一个矢量。

考虑到是轴对称问题，能量守恒方程可表达为：

$$\lambda\left(\frac{\partial^2 T}{\partial^2 x} + \frac{\partial^2 T}{\partial^2 y} + \frac{\partial^2 T}{\partial^2 z}\right) + q = \rho c_p \frac{\partial T}{\partial t} \tag{5-4}$$

若 x、y、z 三个方向的导热系数相同，则得到：

$$\frac{\partial^2 T}{\partial^2 x} + \frac{\partial^2 T}{\partial^2 y} + \frac{\partial^2 T}{\partial^2 z} + \frac{q}{\lambda} = \frac{1}{\alpha} \times \frac{\partial T}{\partial t} \tag{5-5}$$

式中，$\alpha = \frac{\lambda}{\rho c_p}$，$\alpha$ 称为热扩散系数或导温系数，在非稳态条件下为时间的函数；ρ 为材料的密度，kg/m^3；c_p 为材料的比热，J/(kg · ℃)。

实际求解温度场时，将能量守恒定律应用到边界上，即单位时间内，物体内部与边界导热方式进行换热的换热量等于物体边界与环境进行换热的换热量，用数学式表示成：

$$-\lambda\left(\frac{\partial t}{\partial n}\right)_{w} = H(t_w - t_f) \tag{5-6}$$

式中 H——物体与周围环境间的换热系数；

λ——物体的导热系数；

t_f——流体温度；

t_w——物体边界温度。

5.2.2 定解条件

在进行温度场求解过程中，为了使得每一个节点的热平衡方程具有唯一解，首先需要附加一定的边界条件和初始条件，统称为定解条件[117]。

初始条件指的是导热现象开始时，物体内外部的温度分布情况，它是已知的，是计算的出发点。它可以是均匀的，此时

$$T|_{t=0} = T_0 \tag{5-7}$$

式中，T_0 为已知温度，是常数。

初始温度场也可以是不均匀的，但物体各点温度值是已知的。此时

$$T|_{t=0} = T_0(z,r) \tag{5-8}$$

式中，$T_0(z,r)$ 为已知温度函数。

边界条件是指工件外表面与周围环境的热交换状况。在传热学上一般将边界条件归纳成三类。

第一类边界条件：是指物体边界上的温度或温度函数为已知。用公式表示为：

$$\left.\begin{aligned} T|_{\Gamma} &= T_w \\ T|_{\Gamma} &= f(z,r,t) \end{aligned}\right\} \tag{5-9}$$

式中，下标 Γ 为物体边界；T_w 为已知物体表面温度（常数），℃，$f(z,r,t)$ 为已知温度函数（随时间、位置的变化而变化）。

第二类边界条件：是指物体边界上的热流密度 q 为已知。用公式表示为：

$$\left.\begin{aligned} -\lambda \frac{\partial T}{\partial n}\bigg|_{\Gamma} &= q_w \\ -\lambda \frac{\partial T}{\partial n}\bigg|_{\Gamma} &= g(x,y,t) \end{aligned}\right\} \tag{5-10}$$

式中，q_w 为已知物体表面热流密度，为定值，W/m^2，$g(x,y,t)$ 为已知物体表面热流密度函数，随时间、位置而变化。

第三类边界条件：是指物体与其相接触的流体介质之间的对流换热系数和介质温度为已知。用公式表示为：

$$-\lambda \frac{\partial T}{\partial n}\bigg|_{\Gamma} = H_k(T_w - T_c) \tag{5-11}$$

实际计算机编程时，将上述三类边界条件统一用第三类表达式来表示。在实用中：

当为第一类边界时，取 $T_c = T_w$，H_k 为一极大值便可以。

当为第二类边界时，最常用的是绝热边界，即$\left.\dfrac{\partial T}{\partial n}\right|_{\Gamma} = 0$，此时取 $H_k = 0$ 即可。

当为第三类边界时，最常用的是对流和辐射混合的换热边界，其表达式为：

$$\begin{aligned}
-\lambda \left.\frac{\partial T}{\partial n}\right|_{\Gamma} &= H_k(T_w - T_c) + \sigma\varepsilon(T_w^4 - T_c^4) \\
&= H_k(T_w - T_c) + H_s T_w - T_c = HT_w - T_c \qquad (5\text{-}12)
\end{aligned}$$

式中　H——总换热系数：

$$H = H_k + H_s$$

H_s——辐射换热系数：

$$H_s = \sigma\varepsilon(T_w^2 + T_c^2)(T_w + T_c)$$

式中，σ 为 Stenfan-Boltzman 常数，其值为 $5.68 \times 10^{-8}\,\mathrm{W/(m^2 \cdot K^4)}$；$\varepsilon$ 为物体的表面辐射率。

温度场的计算就是对上面建立起来的导热微分方程和定解条件进行求解。这里的边界条件是指边界上的热状况。其求解的方法很多，在本文中采用有限单元法进行求解。

5.2.3 有限单元法求解温度场原理

考虑轴承钢棒材在冷却过程中，任一点的温度值不仅与该点的坐标有关，而且还与时间有关，属于瞬态传热问题。采用有限元法计算其温度场时，通常假设单元内节点的温度呈线性或双线性分布，根据变分公式建立单元节点温度的一阶常系数线性微分方程；然后采用有限差分法得到单元节点温度线性方程组的递推公式；再将各单元矩阵叠加，形成所有节点温度的线性代数方程组。解此方程组即可得到不同时刻对应的各单元节点温度值。

实验中轴承钢棒材冷却过程温度场计算属轴对称问题，无内热源时其导热方程为：

$$\lambda\left(r\frac{\partial^2 T}{\partial^2 z}+r\frac{\partial^2 T}{\partial^2 r}+\frac{\partial T}{\partial r}\right)-\rho c_p r\frac{\partial T}{\partial t}=0 \tag{5-13}$$

用 Galerkin 法可得[118]：

$$J[T(r,z,t)]=\iint_D W_t\left[\lambda\left(r\frac{\partial^2 \overline{T}}{\partial^2 z}+r\frac{\partial^2 \overline{T}}{\partial^2 r}+r\frac{\partial \overline{T}}{\partial r}\right)-\rho c_p rr\frac{\partial \overline{T}}{\partial t}\right]r\mathrm{d}r\mathrm{d}z=0 \tag{5-14}$$

式中，$\overline{T}$ 为温度场的试探函数；D 为温度场的定义域；W_t 为权函数，Galerkin 法中规定：

$$W_t=\frac{\partial \overline{T}}{\partial T_t} \tag{5-15}$$

格林公式的形式为：

$$\iint_D\left(\frac{\partial Y}{\partial X}-\frac{\partial X}{\partial Y}\right)\mathrm{d}x\mathrm{d}y=\oint_\Gamma(X\mathrm{d}xz+Y\mathrm{d}y) \tag{5-16}$$

式中，$X(x,y)$、$Y(x,y)$ 为定义域 D 和边界 Γ 上的任意一阶导数连续的函数。通过格林公式以及 Galerkin 法引入边界条件可得：

$$\frac{\delta J}{\delta T_1}=\iint_D\left[\lambda r\left(\frac{\partial W_1}{\partial z}\times\frac{\partial T}{\partial z}+\frac{\partial W_1}{\partial r}\times\frac{\partial T}{\partial r}\right)+W_t\rho c_p r\frac{\partial T}{\partial t}\right]$$
$$\mathrm{d}z\mathrm{d}r-\oint_\Gamma\lambda W_1 r\frac{\partial T}{\partial n}\mathrm{d}s=0 \tag{5-17}$$

式中　J——温度函数 T 的泛函；

$\frac{\delta J}{\delta T_1}$——泛函的变分；

ρ——密度，kg/m^3；

c_p——比热容，J/(kg · ℃)。

引入第三类边界条件，则有：

$$\frac{\delta J}{\delta T_1}=\iint_D\left[\lambda r\left(\frac{\partial W_1}{\partial z}\times\frac{\partial T}{\partial z}+\frac{\partial W_1}{\partial r}\times\frac{\partial T}{\partial r}\right)+W_t\rho c_p r\frac{\partial T}{\partial t}\right]\mathrm{d}z\mathrm{d}r-$$
$$\oint_\Gamma HW_t r(T-T_c)\mathrm{d}s=0 \tag{5-18}$$

式中　H——换热系数，W/(m^2 · ℃)；

T_c——环境温度，℃。

5.3 ANSYS 求解温度场过程

5.3.1 有限元基本模型的建立

在轴承钢棒材高温加热后的超快速冷却过程中，随着冷却时间的增加，棒材内外部温度发生变化，考虑到长度方向相对应径向，导热对温度的变化影响甚微，我们将其忽略不计，将问题简化为二维问题来解决。此外，棒材圆形横截面为中心对称图形，根据对称性原则可以取其圆形横截面的四分之一建立有限元模型，这可以减少节点和节省内存，缩短计算时间。计算采用 PLANE35 热单元求解，利用 ANSYS 前处理器中的自动网格划分器（Mesher）对整个模型进行单元网格划分。以 ϕ30mm 轴承钢棒材为例，冷却过程有限元模型如图 5-1 所示。

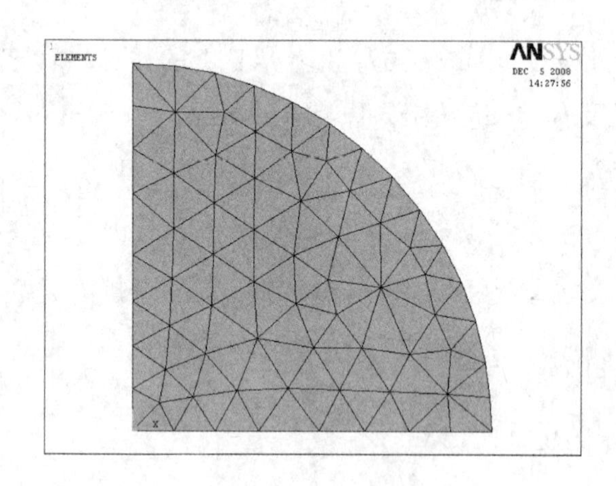

图 5-1 冷却过程有限元模型

5.3.2 材料属性和定解条件的确定

5.3.2.1 材料属性

要想通过 ANSYS 有限元方法进行温度场模拟，在确定了有限元模型后，还需要对模拟物体的材料属性进行输入。一般来说，材料参数并不是常数，是随着材料的组织状态和温度而变化的，因此，也是随时间而变化的。它主要是指导热系数、密度、比热容，表 5-2、表 5-3 所示是实验用 GCr15 轴承钢的材料属性。

表 5-2 GCr15 轴承钢棒材的密度和比热容

温度/℃	45	525	981
密度/kg · m^{-3}	7810	7810	7810
比热容/J · (kg · ℃)$^{-1}$	553	787	729

表 5-3 GCr15 轴承钢棒材的导热系数

温度/℃	100	200	300	400	500	600	700	800	900	1000
导热系数/W · (m · ℃)$^{-1}$	41	41	39.9	38.1	35.9	33.6	33.6	33.6	33.6	33.6

5.3.2.2 初始条件和边界条件

在本实验中，轴承钢棒材在 1000℃ 保温 2h 后出炉，随后进行超快速冷却，因为从出炉到开始超快速冷却过程中棒材会出现降温现象，为了简化运算，我们统一设定轴承钢棒材在超快速冷却前的初始温度为 950℃，为一个定值，即在计算时，我们赋予所有节点的初始温度均为 950℃。

在轴承钢棒材开始冷却过程中，棒材断面的温度场随冷却时间的变化而发生变化。在进行有限元分析的过程中，棒材有两种冷却方式，一种是超快速冷却，另一种为出超快速冷却器后暴露于空气中进行空冷，因此在不同的冷却阶段，在棒材的边界处应该施加不同的热载荷，即具有不同的换热系数，为瞬态热分析过程。

在棒材的超快速冷却过程中，棒材向其表面的冷却水传热，传热方式为传导与对流的结合。在这种情况下，由于冷却时间较短，而且冷却介质的性质、棒材的尺寸以及表面形态等都对换热系数 H 产生很大的影响，因此到目前为止并没有一个特定的计算换热系数的公式。在本章中，冷却水温度为 18℃，环境温度为 22℃，首先通过红外测温仪测定棒材表面温度变化，然后不断修改传热过程模型，直到计算所得冷却终了温度与实测值一致时终止运算，通过这个方法来确定换热系数的较精确值，并对温度场进行求解。

棒材出超快速冷却器后在空气中缓慢冷却过程中，棒材向周围环境散发热量，此时其表面的温度已经降低，主要有热辐射和对流两种传热方式，其换热系数 H 可以经过验公式得到：

$$H = 2.25(T_w - T_c)^{0.25} + 4.6 \times 10^{-8}(T_w^2 + T_c^2)(T_w + T_c) \tag{5-19}$$

式中，T_w 为物体温度，K；T_c 为环境温度，K。

实验条件下设定环境温度不变为283K，计算后的轴承钢板材在空气中的换热系数如表5-4所示。

表5-4 轴承钢棒材在空气中的换热系数

物体温度/K	373	473	573	673	773	873	973	1073
换热系数 H/W·(m²·℃)$^{-1}$	13.5	19.21	25.54	34.28	43.51	55.95	71.86	89.59

5.3.3 有限元模拟流程

运用ANSYS有限元法进行超快速冷却过程的模拟流程如图5-2所示。

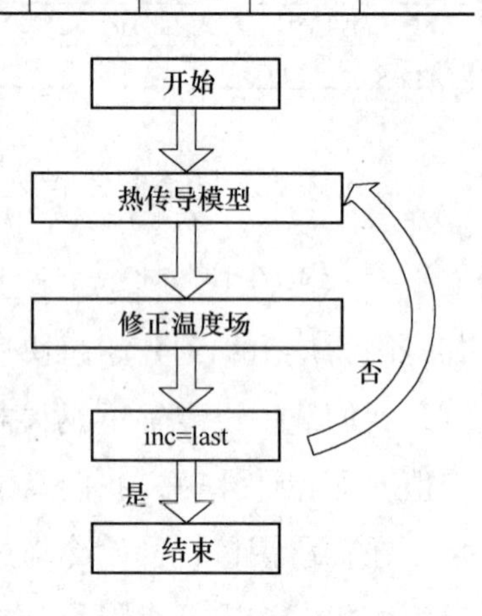

图5-2 超快速冷却过程有限元模拟流程图

在对瞬态热分析进行求解的过程中，采用内部语言APDL编制命令流在安装了ANSYS软件的Inter(R) Pentium(R) 2.80GHz型计算机上进行模拟计算。期间通过不断修改温度场以得到较为精确的超快速冷却过程换热系数。在得到较为精确的换热系数后，对计算结果进行详细的后处理。

图5-3所示是ϕ30mm轴承钢棒材超快速冷却4s的条件下，表面终冷温度

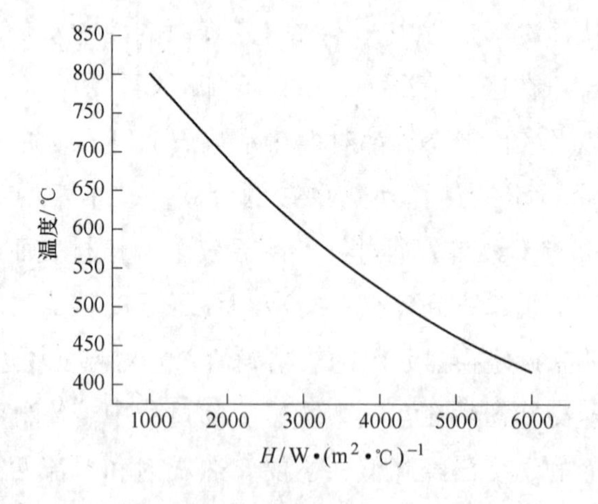

图5-3 GC15棒材在不同冷却条件下的表面终冷温度曲线

随着换热系数 H(W/(m^2·℃))变化的曲线。

从图 5-3 中可以看到，随着换热系数的增大，轴承钢棒材的表面终冷温度明显降低，冷却强度增大、冷却速度加快。通过这个曲线可以设定在多少换热系数条件下，棒材表面所能达到的温度。

从上一章对轴承钢板材不同冷却工艺的分析中可以知道，随着板材表面冷却速度的增大，其心部冷却速度也增大。因此通过加大换热系数提高棒材表面冷却速度的同时，也可以达到提高棒材心部冷却速度的作用。

ANSYS 提供两种后处理方式进行瞬态的结果后处理。在我们的计算过程中，通过通用后处理器（/POST1），对棒材整个横断面在某一载荷步（时间点）的结果进行后处理，可以得到横断面在指定时间点上的温度场分布云图；通过时间历程后处理器（/POST26），对棒材横断面上的特定点在所有载荷步（整个瞬态过程）的结果进行后处理，得到横断面上任意位置的温度随时间变化的曲线。

5.4 轴承钢棒材超快速冷却结果与分析

在超快速冷却的实验过程中，我们针对不同规格棒材进行不同超快冷时间的多次实验，其目的是为了首先保证超快速冷却后轴承钢棒材表面终冷温度不低于 300℃，而返红后的最高温度又要不高于 700℃，并针对大断面棒材心部冷却困难的特点进行多次间断式超快速冷却。对不同冷却工艺过程中温度场进行模拟，其结果如下所示。

5.4.1 ϕ30mm 棒材超快速冷却结果分析

实验中，对 ϕ30mm 棒材进行一次超快速冷却 4s 后空冷处理工艺。图 5-4 ~ 图 5-6 所示是高温保温后超快速冷却过程中，ϕ30mm 棒材四分之一断面的温度分布云图。

从图 5-4 中可以看到，ϕ30mm 棒材在进行超快速冷却 4s 后，其表面温度由 950℃迅速下降到 460℃，而心部冷却缓慢，超快冷结束后温度为 900℃，内外温差为 440℃。棒材出水箱后进入与空气自然对流阶段，由于棒材内外温差较大，其心部的热量逐渐向表面扩散，使得棒材表面发生返红现象。而由于与表面存在一定温差，棒材心部在空冷过程中继续降温，在空冷 10s 后

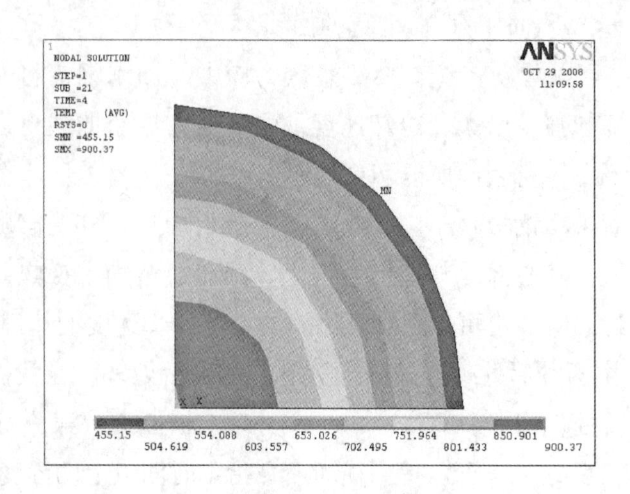

图 5-4　超快冷 4s 后的温度云图

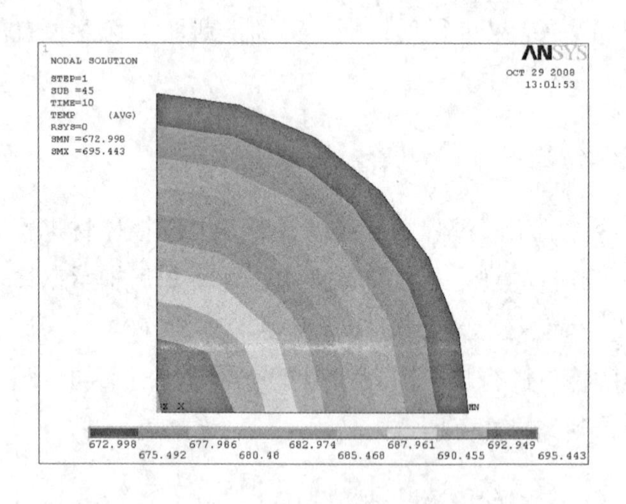

图 5-5　空冷 10s 后的温度云图

棒材表面温度返红到 680℃，心部温度降低到 695℃，棒材表面与心部温度趋于平衡（图 5-5）。棒材在空气中继续冷却，因为其内外温度已经趋于平衡，不存在较大的内外温差，棒材内外以缓慢速度继续冷却，在棒材出水箱后空冷 50s 后，其表面和心部温度分别为 636℃ 和 646℃（图 5-6）。

图 5-7 所示是 ϕ30mm 轴承钢棒材在 1000℃ 保温后出炉，经过一次超快速冷却后进行缓慢冷却过程中，其横断面上不同位置的温度随时间变化的曲线。

从图 5-7 中可以看到，ϕ30mm 轴承钢棒材在超快速冷却的 4s 内，边部以

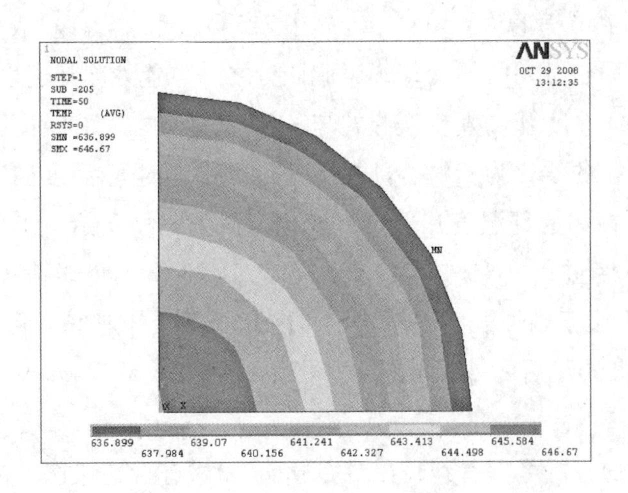

图 5-6 空冷 50s 后的温度云图

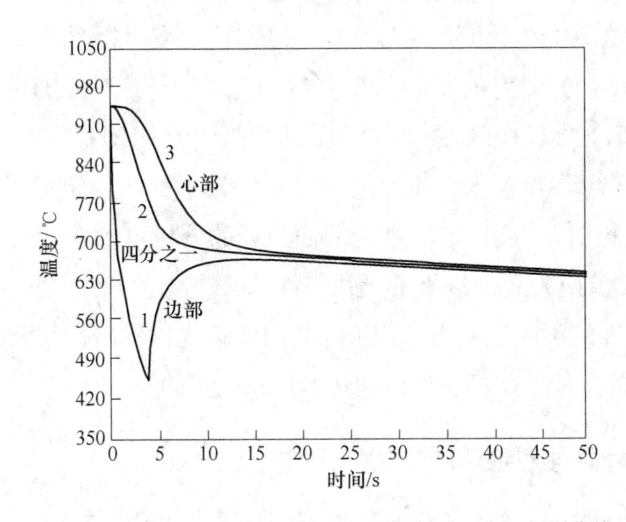

图 5-7 ϕ30mm 棒材超快速冷却过程的温度-时间变化曲线

125℃/s 的平均冷却速度超快速冷却到 460℃，其超快速冷却的初始阶段瞬时冷却速度达到了 400℃/s。随着超快速冷却结束，由于棒材内外部温差，棒材表面发生返红现象，达到最高返红温度 680℃后，棒材表面以 1℃/s 冷却速度开始冷却，缓慢通过珠光体转变温度区域（曲线 1）。

而棒材的断面其他位置，虽然没有和冷却水直接发生接触，但是由于超快速冷却过程中较高的冷却强度，棒材内外存在巨大温差，因此也以相对较快的冷却速度发生冷却。曲线 2 为棒材四分之一位置在冷却过程中的时间-温度曲线。在棒材的四分之一位置，冷却的初始阶段由于与表面温差较大，因此以40℃/s 的冷却速度从950℃冷却到了715℃，此时与棒材表面温差逐渐减小，而棒材表面也开始缓慢冷却，因此四分之一位置处冷却速度也开始减小，以2℃/s 的冷却速度开始发生缓慢冷却；随着与棒材表面距离的增大，棒材心部冷却困难。曲线3为棒材心部在冷却过程中的时间-温度曲线。在超快速冷却的前2s，棒材心部温度几乎没有变化，从第三秒开始由于棒材内外温差进一步增大，促进了心部快速冷却，心部以33℃/s 冷却速度快速冷却到720℃，接下来由于内外温度逐渐减小，因此心部冷却速度下降，以6℃/s 冷却速度冷却到690℃后内外温度趋于平衡，最后以1.5℃/s 冷却速度继续发生缓慢冷却。

通过上面的分析可以看到，在对 ϕ30mm 棒材进行超快速冷却4s + 空气中缓冷工艺过程中，棒材表面在950 ~ 680℃温度范围内的平均冷却速度达到了125℃/s，随后在珠光体转变区域以1℃/s 冷却速度发生缓慢冷却；棒材四分之一位置处在950 ~ 715℃范围以40℃/s 的冷却速度进行冷却，随后以2℃/s 冷却速度缓慢通过珠光体转变区域；而棒材的心部冷却相对困难，以33℃/s 冷却速度通过950 ~ 720℃温度范围，随后以8℃/s 冷却到690℃，最后以1.5℃/s 冷却速度缓慢通过珠光体转变区域。结合前面几章的分析可以看到，通过进行表面瞬时冷却速度达到400℃/s 以上的超快速冷却，提高了棒材内外部的冷却速度，ϕ30mm 棒材断面的不同位置均达到了抑制网状碳化物析出、残余奥氏体完全发生珠光体转变的条件，达到了进行超快速冷却的目的。

5.4.2 ϕ40mm 棒材超快速冷却结果分析

针对 ϕ30mm 棒材超快速冷却时间为4s 时，就可以达到超快速冷却的目的，但是随着棒材直径增加到40mm，超快速冷却时间仍然为4s 时，出水箱后棒材表面的返红温度超过了700℃。因此对于 ϕ40mm 棒材，我们将超快速冷却时间增加到5s，图5-8 ~ 图5-10 所示为冷却过程中棒材四分之一断面的温度分布云图。

从图5-8 中可以看到，ϕ40mm 棒材在进行超快速冷却5s 后，其表面温度由950℃迅速下降到445℃，高于马氏体转变温度。虽然超快速冷却时间延长，但是由于棒材直径增加，心部冷却更加困难，超快冷结束后心部温度为931℃，比 ϕ30mm 棒材终冷结束后心部温度高30℃，其内外温差为480℃。接下棒材出

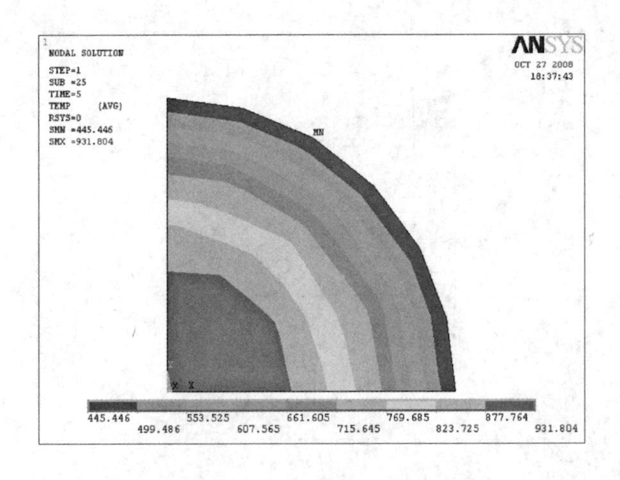

图 5-8　超快冷 5s 后的温度云图

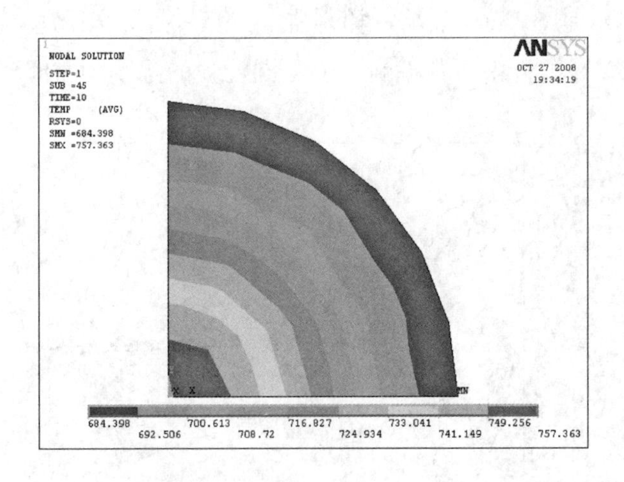

图 5-9　空冷 10s 后的温度云图

水箱后进入与空气自然对流阶段，如图 5-9 所示，由于棒材内外存在一定温差，其心部的热量逐渐向表面扩散，使得棒材表面发生返红现象。而由于心部与表面温差较大，促进了棒材心部的快速冷却，棒材心部在空冷过程中继续降温，在空冷 10s 后棒材表面温度返红到 680℃，而心部温度降低到 760℃，棒材表面与心部温差减小。如图 5-10 所示，棒材在空气中继续冷却，由于内外温差相对减小，因此棒材内外部冷却速度均减小，在棒材出水箱后空冷 50s 后，其表面和心部温度分别为 670℃和 684℃，内外温度趋于平衡。

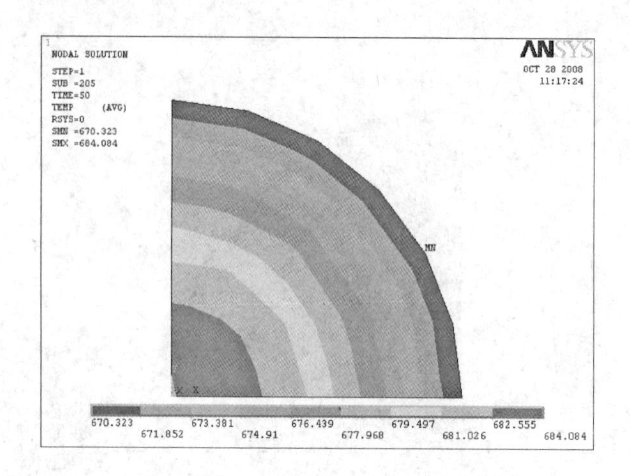

图 5-10 空冷 50s 后的温度云图

图 5-11 所示是 ϕ40mm 轴承钢棒材在 1000℃保温后出炉，经过一次超快速冷却后进行缓慢过程中，其横断面上不同位置的温度随时间变化的曲线。

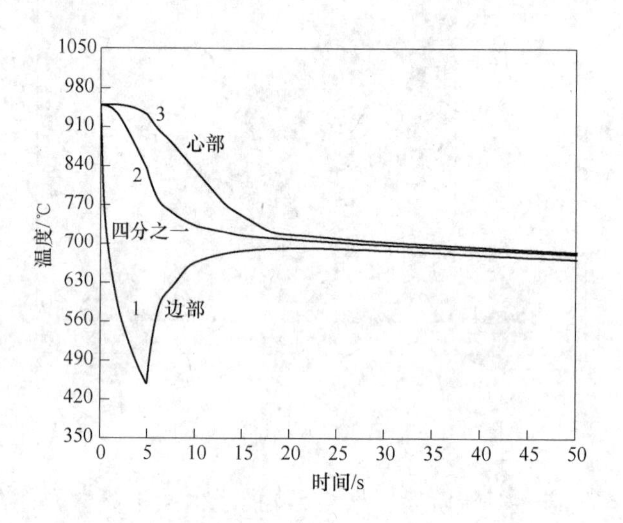

图 5-11 ϕ40mm 棒材超快速冷却过程的温度-时间变化曲线

从图 5-11 中可以看到，ϕ40mm 棒材和 ϕ30mm 棒材在超快速冷却过程中不同断面的温度时间曲线形状大致相同。图中曲线 1 为 ϕ40mm 棒材冷却过程中表面的温度-时间曲线。经过一次超快速冷却 5s 后，棒材边部瞬时冷却速度达到了 400℃/s 以上，在超快速冷却阶段以 100℃/s 的平均冷却速度快速冷却到445℃。与ϕ30mm棒材超快速冷却4s相比较，随着冷却时间延长和断面直径的增大，在超快速冷却阶段，其边部平均冷却速度减小。接下来进入与空气自然对流阶段棒材表面发生返红现象，经过20s后表面返红达到最高温度695℃，随后表面以0.9℃/s冷却速度继续缓慢冷却；图中曲线2为ϕ40mm棒材冷却过程中四分之一位置的温度-时间曲线。棒材四分之一位置在950～770℃范围内冷却速度为30℃/s，随后冷却速度缓慢，在770～715℃范围内冷却速度为8℃/s，接下来以1.2℃/s冷却速度缓慢冷却；图中曲线3为ϕ40mm棒材冷却过程中心位置的温度-时间曲线。由于棒材断面增大，心部冷却困难，棒材心部在冷却的前5s内冷却缓慢，以4℃/s冷却速度从950℃缓慢冷却到930℃，在930～770℃范围内冷却速度提高到20℃/s，随着心部温度降低，在770～720℃范围内冷却速度为10℃/s，这时棒材内外表面温度趋于平衡，最后心部以1.5℃/s缓慢冷却。

从温度-时间曲线上可以看到，随着轴承钢棒材直径增大，超快速冷却过程中表面平均冷却速度减小，棒材心部冷却更加困难，但是针对ϕ40mm轴承钢棒材，适当增大超快速冷却时间，既满足表面终冷温度不低于马氏体转变温度的条件，也提高了棒材整个断面的冷却速度，达到了抑制网状碳化物析出、残余奥氏体完全发生珠光体转变的目的。

5.4.3 ϕ60mm棒材超快速冷却结果分析

随着棒材直径的增大，其心部冷却更加困难。针对规格为ϕ60mm的大断面轴承钢棒材，为了达到超快速冷却的目的，适当延长超快速冷却时间，并在实验中实行两种冷却工艺：一次超快速冷却和二次分段超快速冷却，其温度场模拟结果如下所示。

5.4.3.1 一次超快速冷却后结果分析

图5-12～图5-14所示为ϕ60mm轴承钢棒材一次超快速冷却8s+空冷过程中，横断面的温度分布云图和其冷却过程中的时间-温度曲线。

图5-12为ϕ60mm棒材超快速冷却8s后断面的温度分布云图。从图中可以看到，由于轴承钢棒材断面直径增大，心部冷却困难，在超快速冷却8s后，心部温度仅从950℃降低到942℃，而边部终冷温度为320℃，高于马氏

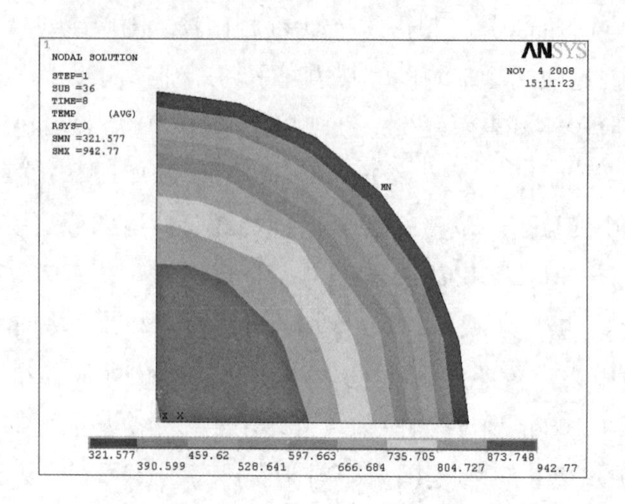

图 5-12　超快冷 8s 后的温度云图

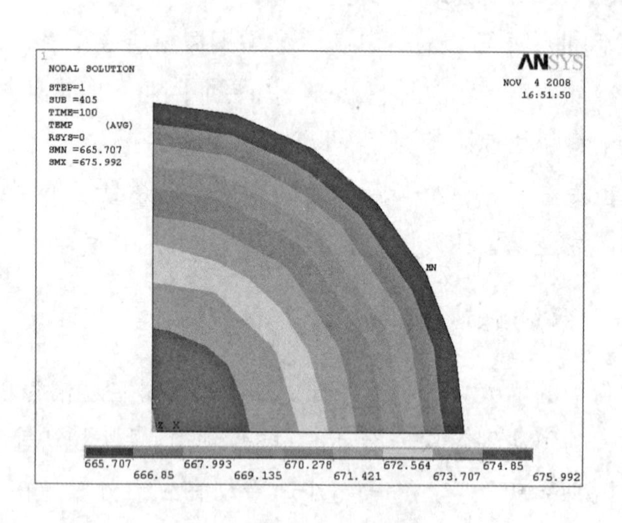

图 5-13　空冷 100s 后的温度云图

体转变温度。棒材出水箱后进入空气中自然对流冷却，表面温度返红到最高温度后继续缓慢冷却，而棒材内部依靠与表面的温差也以一定速度发生冷却，在空气中冷却 100s 后，棒材表面和心部温度分别为 665℃、675℃（图 5-13）。

图 5-14 所示是 ϕ60mm 轴承钢棒材冷却过程中的温度-时间曲线。从时间温度曲线上可以看到，ϕ60mm 棒材经过一次超快速冷却后，其心部、四分之一处都以相对较快的速度冷却到 710℃左右后开始缓慢冷却，但是心部最大

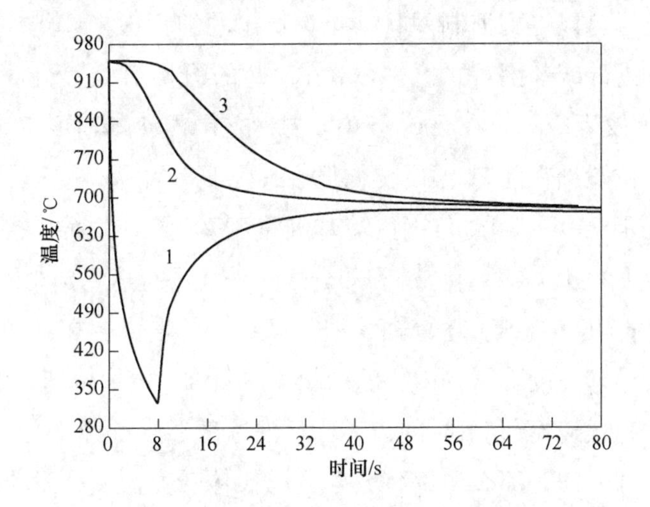

图 5-14 ϕ60mm 棒材一次超快速冷却过程的温度-时间变化曲线

冷却速度仅为 10℃/s。由于冷却困难，棒材心部在超快速冷却的 8s 时间内温度仅从 950℃降低到 942℃，由于与表面温差较大，在 940 ~ 790℃范围内冷却速度为 10℃/s，而在 790 ~ 710℃温度范围内冷却速度下降到 4℃/s，最后以 1℃/s 速度缓慢冷却（曲线 3）。

图 5-14 中曲线 2 为棒材四分之一位置处冷却过程中的温度-时间曲线。在棒材四分之一处的冷却过程中最大冷却速度为 17℃/s。由于断面直径较大，四分之一位置处在超快速冷却的前 2s 内冷却缓慢，温度仅从 950℃降低到 945℃。在 945 ~ 740℃范围内冷却速度为 17℃/s，740 ~ 710℃范围内冷却速度为 2. 5℃/s，接下来内外温度趋于平衡，断面四分之一位置处以 0. 8℃/s 冷却速度发生缓慢冷却。

图 5-14 中曲线 1 为棒材边部在冷却过程中的温度-时间曲线。棒材边部在超快冷过程中的瞬时冷却速度达到 400℃/s 以上，在超快速冷却过程的 8s 时间内，以 70℃/s 的平均冷却速度迅速冷却到 320℃后发生返红，在空冷 30s 后达到了最大返红温度 675℃，随后以 0. 2℃/s 冷却速度缓慢冷却。

将上述分析与前几章的研究相结合可以知道，ϕ60mm 棒材在经过 8s 的一次超快速冷却后过程中，其边部的瞬时冷却速度达到了 400℃/s 以上，虽然在缓慢冷却过程中其冷却速度较小，几乎相当于等温，但是由于在 950 ~ 675℃温度范围内冷却速度较大，因此棒材边部达到了抑制网状碳化物大量析出的冷却速度，可以得到抑制网状碳化物析出的细小珠光体组织。而由于棒材直径增大，内部冷却困难，棒材心部在冷却的前8s温度变化很小，然后才以10℃/s速度发生冷却，在790～710℃温度范围内冷却速度仅为4℃/s；而断面四分之一位置处在前2s温度变化很小，接下来的冷却过程中冷却速度达到了17℃/s，但740～710℃范围内冷却速度为2.5℃/s，而且接下来的缓冷过程中冷却速度小于1℃/s，心部和四分之一处均没有达到抑制网状碳化物析出的冷却速度；可以看到，随着轴承钢棒材直径的增大，在超快速冷却过程中其表面平均冷却速度降低，内部的冷却更加困难，内部冷却速度缓慢。

而在一次超快速冷却8s时间内，棒材的边部温度已经冷却到320℃，如果继续增加冷却时间，那么边部将会达到马氏体转变温度，发生马氏体转变产生混晶组织，因此针对ϕ60mm棒材，高温保温后进行一次超快速冷却达不到预期的冷却要求。

5.4.3.2　二次分段超快速冷却后结果分析

由于规格为ϕ60mm的大断面棒材在冷却过程中，心部不容易冷却，在一次超快速冷却8s时间条件下，虽然表面达到了冷却的效果，但是心部速度缓慢，达不到能够抑制二次碳化物网状析出的冷却速度。因此在下一步的实验中提出二次分段超快速冷却工艺，即一次超快速冷却后空冷几秒，当表面温度返红到700℃以下时，再次进行二次超快速冷却，最后进行空冷，图5-15～

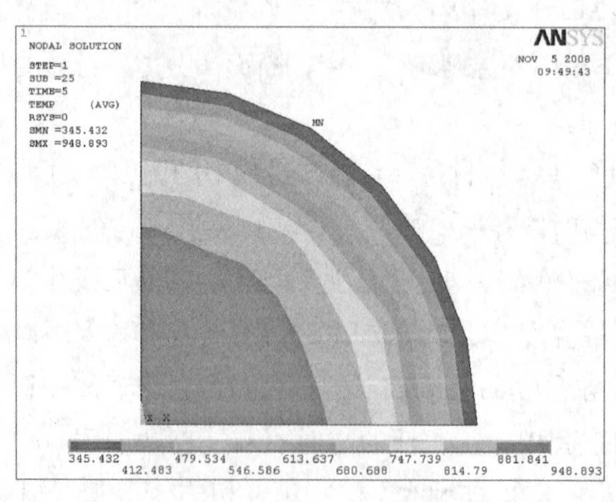

图5-15　一次超快冷5s后的温度云图

图 5-18 所示为二次分段超快速冷却过程中棒材横断面的温度分布云图。

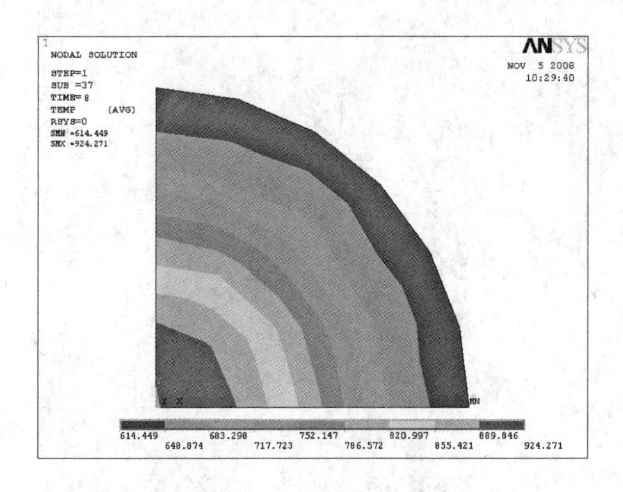

图 5-16　空冷 8s 后的温度云图

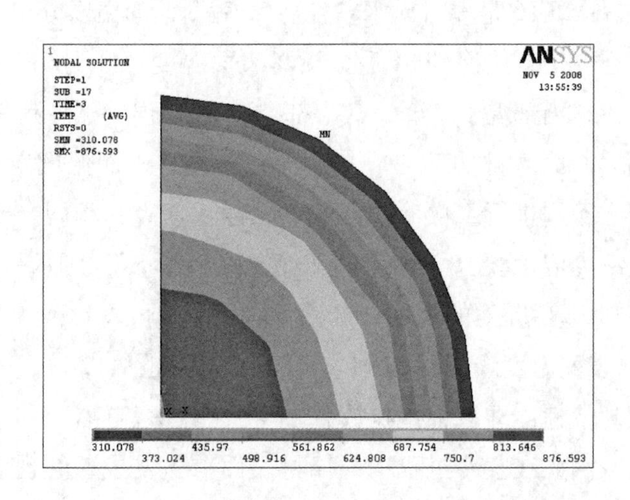

图 5-17　二次超快冷 3s 后的温度云图

图 5-15 所示为 ϕ60mm 棒材一次超快速冷却 5s 后断面的温度分布云图。从图中可以看到，经过 5s 超快速冷却后，棒材表面温度迅速下降到 345℃，而由于断面棒材直径较大，其心部温度在一次超快速冷却结束时仅从 950℃下降到 948℃。

棒材经过一次超快速冷却 5s 后进入空气中自然冷却，目的是使得棒材表面温度返红到 700℃以下，避免发生二次碳化物析出的同时也为二次超快速

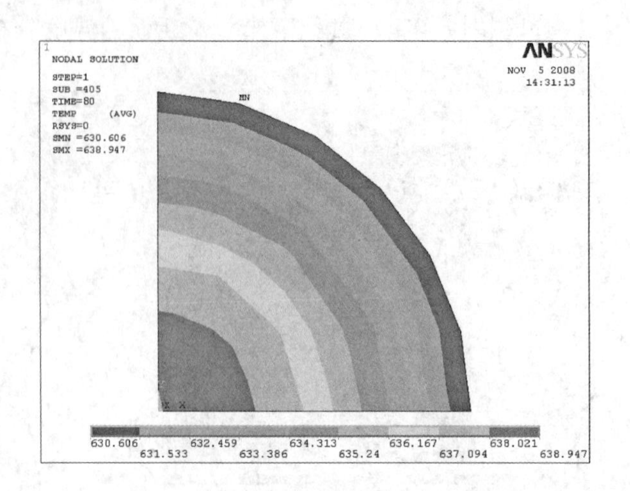

图 5-18 空冷 80s 后的温度云图

冷却进行准备。图 5-16 是棒材出水箱空冷 5s 后断面的温度分布云图。从图中可以看到，在空气中自然冷却 8s 后，棒材表面温度返红到 615℃，而依靠与表面的温差，棒材内部温度下降，其心部空冷 8s 后温度下降到 924℃。

为了提高大断面棒材心部的冷却速度，在棒材表面温度空冷到 700℃左右时将其置于水箱内进行二次冷却，与一次超快速冷却相同，要求棒材超快速冷却后表面终冷温度要高于马氏体转变温度，图 5-17 所示是 ϕ60mm 棒材二次超快速冷却 3s 后断面的温度分布云图。从图中可以看到，经过二次超快速冷却 3s 后，表面温度降低到 310℃，其心部温度也从 924℃下降到 870℃。

经过二次超快速冷却后，棒材放置于空气中进行自然冷却。由于棒材横断面温差较大，因此在空冷过程中，棒材表面首先发生返红现象，达到最大返红温度后开始缓慢冷却，而棒材内部也依靠与表面的较大温差提高了冷却速度，整个断面温度趋于平衡并以较小的冷却速度开始缓慢冷却，图 5-18 所示是棒材经过二次超快速冷却 3s 并在空气中自然冷却 80s 后断面的温度分布云图。可以看到，经过 80s 自然冷却后，棒材横断面上温度趋于平衡，其边部和心部温度分别为 630℃、638℃。

图 5-19 所示是 ϕ60mm 轴承钢棒材二次超快速冷却过程中的温度-时间曲线。

图 5-19 中曲线 1 为棒材表面在冷却过程中的温度时间曲线。可以看到，

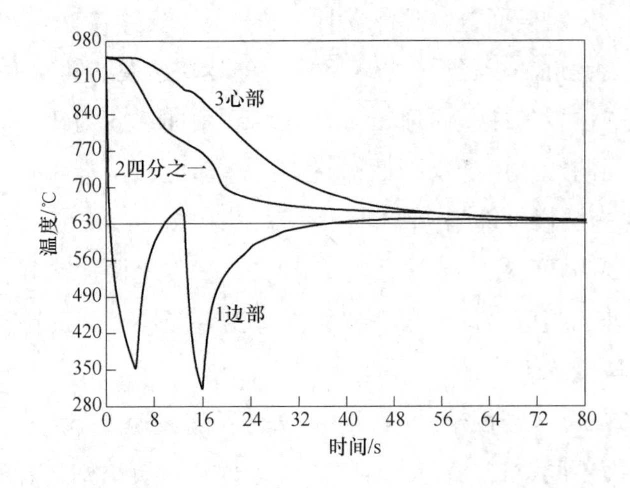

图 5-19 ϕ60mm 棒材分段超快速冷却过程的温度-时间变化曲线

在一次超快速冷却过程中，棒材的表面瞬时冷却速度达到 400℃/s 以上，在一次超快速冷却 5s 的时间范围内，其平均冷却速度为 120℃/s；随后表面进入返红阶段，其最高返红温度为 660℃；在第二次超快速冷却过程中，由于棒材表面温度相对于第一次超快速冷却时减小，而且超快速冷却时间减少，棒材表面瞬时冷却速度为 200℃/s 以上，超快速冷却过程中平均冷却速度为 115℃/s；最后棒材进入空气中进行自然冷却，表面温度在空冷 35s 后返红到 645℃，这时棒材整个断面温度趋于平衡，表面开始以 0.2℃/s 的冷却速度缓慢冷却。在分段二次超快速冷却过程中，棒材表面冷却的最低温度均高于马氏体转变温度。

图 5-19 中曲线 2 为棒材四分之一位置在冷却过程中的温度时间曲线。可以看到，由于棒材直径较大，其横断面的四分之一位置处在一次超快速冷却的前 2s 内温降很小。随后由于与棒材表面温差增大，促进了断面上热量的重新分配，其冷却速度增大，可以看到曲线 2 在 940 ~ 700℃ 范围内有两个拐点，冷却速度发生一定变化。在 800 ~ 900℃ 温度范围内，其冷却速度为 20℃/s。而在 760 ~ 800℃ 温度范围内，由于棒材表面达到最高返红温度，棒材内外温差减小，因此四分之一位置处冷却速度略有下降，其冷却速度为 11℃/s。随后棒材进行第二次超快速冷却，棒材表面温度迅速下降，促进了其四分之一位置处冷却速度的增加，以 15℃/s 快速冷却到 700℃。这时，第二次超快速

冷却已经结束，棒材表面进入返红阶段，内外温差逐渐减小，棒材四分之一位置的冷却速度也进一步降低，以1.3℃/s的冷却速度继续发生缓慢冷却。

与四分之一位置处冷却原理相同，图5-19中曲线3为棒材心部在冷却过程中的温度时间曲线。由于大断面棒材心部冷却更加困难，心部在一次超快速冷却的前7s内缓慢冷却到940℃，接下来以12℃/s冷却速度冷却到700℃。当心部温度达到700℃时，棒材已经结束了二段式超快速冷却，表面与四分之一位置处均处于缓慢冷却阶段，棒材内外温差减小，因此心部也发生缓慢冷却，其冷却速度为1.6℃/s。

通过对ϕ60mm大断面轴承钢棒材二次分段超快速冷却过程中断面的温度分布云图和断面不同位置的温度-时间曲线进行分析可以知道，通过分段式二次超快速冷却，在不延长超快速冷却总时间的前提下，解决了大断面棒材内部不易冷却的难题，提高了棒材内部的冷却速度，棒材断面各个不同位置的冷却速度均可以达到抑制网状碳化物析出、残余奥氏体完全发生珠光体转变的冷却速度要求，达到了进行超快速冷却的目的。

5.5 讨论

5.5.1 轴承钢棒材超快速冷却工艺条件下的组织演变

在传统的控冷理论中，将控制冷却分为三个阶段，不同阶段控制冷却的目的不同：(1) 相变前的组织准备阶段（从形变后到发生相变前），其目的是为了控制相变前的高温组织状态；(2) 相变阶段（从相变开始到相变终了），目的是控制相变过程；(3) 相变后的阶段（从相变后到室温），目的是控制相变后到室温的组织状态。

对于轴承钢棒材的控制冷却，由于其形状的特殊性，其目的除了是使整个断面均获得预期的理想组织——抑制了网状碳化物析出的细小片层珠光体组织。这就使得轴承钢棒材的控冷工艺更加复杂。为了达到控冷的目的，针对轴承钢棒材我们提出了超快速冷却工艺，在不同的温度区域以不同冷却速度进行不连续冷却。在以往的研究中通过研究CCT曲线可以得到连续冷却条件下的组织演变规律，而在超快速冷却条件下进行的不连续冷却过程中的组织演变规律也可以通过CCT曲线进行分析。图5-20所示是轴承钢棒材断面不同位置在这种不连续冷却条件下的组织转变曲线。

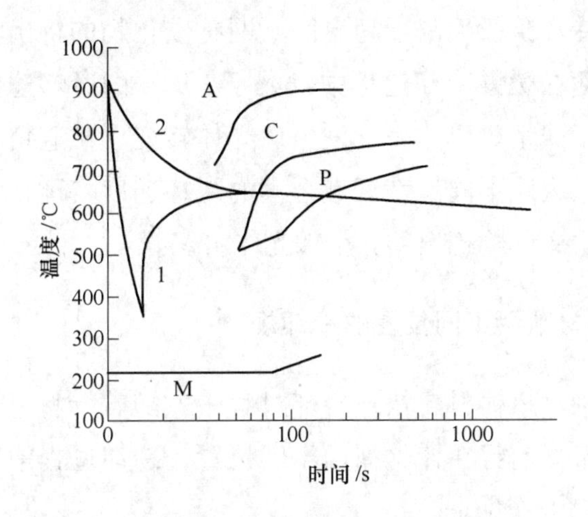

图 5-20 轴承钢棒材不连续冷却过程中的组织转变曲线

在轴承钢的冷却过程中，过共析二次碳化物的析出有一定温度区间，即 910 ~ 700℃，抑制网状二次碳化物析出的临界冷却速度为 8℃/s；而珠光体转变温度区域为 750 ~ 510℃，完全发生珠光体转变的临界冷却速度为 5℃/s；马氏体开始转变温度在 240℃左右。由于棒材形状的特殊性，在冷却过程中内部冷却困难，因此在分析其不连续冷却过程中的组织转变规律时，我们对棒材表面和内部在不连续冷却过程中的组织转变进行分析。

图 5-20 中曲线 1 为棒材表面不连续冷却曲线，曲线 2 为棒材内部不连续冷却曲线。从图中可以看到，高温轴承钢棒材经过短时间超快速冷却后，在过共析二次碳化物还来不及析出的情况下，其表面温度迅速下降到 300 ~ 400℃之间并停止超快速冷却，既快速通过了过共析二次碳化物析出温度区域，又避免了低温马氏体的生成；由于棒材急冷后断面温差较大，发生心部热量向表面扩散的返红现象，表面最高返红温度低于 700℃；随后棒材内外温差区域平衡，则表面冷却速度减小，在珠光体转变温度区域内以小于 4℃/s 的冷却速度缓慢发生冷却，在缓慢冷却过程中发生伪共析转变，过冷奥氏体全部转变为伪共析组织——索氏体，最终棒材表面部位组织为消除了网状碳化物析出的索氏体组织（曲线 1）。而在超快速冷却过程中，棒材内部依靠与表面较大的温差，冷却速度也相对提高，在过共析二次碳化物析出温度区域

内以大于 8℃/s 的冷却速度快速冷却，达到珠光体转变区域后发生缓慢冷却。棒材内部在快速冷却阶段抑制了高温区域网状碳化物的析出和 C、Cr 元素向晶界处的聚集；而在缓慢冷却过程中以大于 1℃/s 的冷却速度通过珠光体转变区域，既保证了残余奥氏体完全发生珠光体转变，又避免了晶界处二次碳化物的聚集长大。因此不同温度区域合理的冷却速度搭配，在棒材内部也得到了抑制网状二次碳化物析出的完全珠光体组织。

5.5.2 轴承钢棒材断面不同位置的冷却规律

在不同规格轴承钢棒材超快速冷却过程中，随着棒材直径的增大，其内部的冷却更加困难。而且在棒材断面不同位置，冷却过程中冷却速度具有不同的变化规律。

对于轴承钢棒材表面，超快速冷却过程包括三个阶段：

(1) 淬火阶段（表面超快速冷却阶段）。高温棒材以通过瞬时冷却速度大于 400℃/s，而平均超快速冷却速度大于 100℃/s 的超快速冷却工艺快速冷却到马氏体转变温度以上，既加大了与内部的温差，加快内部冷却速度，又避免了表面淬火马氏体组织的生产。

(2) 返红阶段。棒材经过超快速冷却之后，由于冷却速度较大且冷却时间较短，棒材横断面上温差很大，经过随后的热传导过程，心部的热量逐渐向表面扩散，使得棒材表面发生返红现象，表面迅速回温到珠光体转变温度区域内。

(3) 自然冷却阶段。在这个阶段，棒材表面与心部温差进一步减小，棒材表面部分在珠光体转变区域发生缓慢冷却以完成珠光体转变。由于表面以大于 100℃/s 的冷却速度快速通过了二次碳化物析出温度区域，既避免了二次碳化物的网状析出，也抑制了 C、Cr 元素向晶界处的聚集，因此在接下来的缓慢冷却过程中，冷却速度只要满足小于 4℃/s，使得残余奥氏体完全发生珠光体转变，就可以达到超快速冷却的目的。

而对于大断面轴承钢棒材，由于内部冷却困难，在保证棒材表面终冷温度不低于马氏体转变温度的前提下，要想提高棒材内部冷却速度，需要经历多次淬火 + 返红过程。

对于轴承钢棒材内部，超快速冷却过程包括两个阶段：

（1）快速冷却阶段。在棒材表面以超快速冷却速度迅速冷却到马氏体转变温度以上时，虽然高温棒材内部没有与冷却水直接接触，冷却速度相比于棒材表面减小，但依靠与表面的较大的温差，棒材内部冷却速度大于抑制二次碳化物网状析出的临界冷却速度，并快速通过二次碳化物析出温度区域到达珠光体转变温度区域。

（2）缓慢冷却阶段。在这个阶段，棒材表面也已经返红到珠光体转变温度，表面与内部温差很小，棒材内部也以缓慢冷却速度通过珠光体转变区域后冷却到室温，完成了残余奥氏体向珠光体的转变。由于棒材内部冷却速度在二次碳化物析出温度区域内为8～40℃/s，为了达到抑制网状碳化物析出得到完全珠光体组织的目的，在其缓慢冷却过程中要求冷却速度为1～4℃/s。

5.6 小结

（1）通过ANSYS应用软件分析了轴承钢棒材超快速冷却过程中断面不同位置（表面、四分之一、心部）的温度场分布和温度-时间曲线，并将温降模拟曲线与CCT曲线相结合进行分析可知，高温轴承钢棒材经过超快速冷却后，整个断面的室温显微组织为抑制了网状碳化物析出的细小珠光体。

（2）对超快速冷却过程中断面不同位置的冷却规律进行分析，棒材表面冷却过程中分为三个阶段：淬火阶段、返红阶段和自然冷却阶段；棒材内部冷却过程中分为两个阶段：快速冷却阶段和缓慢冷却阶段。

（3）对不同条件下的换热系数进行分析，采用计算超快速冷却终冷温度与实测值一致时停止计算的途径来确认换热系数的较精确值，不断修改传热模型，并对其温度场进行求解。空冷换热系数的确认，按照经验公式来处理。

（4）针对直径小于60mm棒材，根据超快速冷却后棒材表面温度不低于马氏体转变温度，而返红后最高温度不超过700℃原则进行一次超快速冷却，棒材断面的不同位置均达到了抑制网状碳化物析出、残余奥氏体完全发生珠光体转变的条件，达到了进行超快速冷却的目的。

（5）随着轴承钢棒材直径增大，超快速冷却过程中表面平均冷却速度减小，棒材心部冷却更加困难。针对直径大于60mm的棒材，运用分段式二次超快速冷却，在不延长超快速冷却总时间的前提下，解决了大断面棒材内部不易冷却的难题，提高了棒材内部的冷却速度，棒材断面各个不同位置的冷却速度均可以达到抑制网状碳化物析出、残余奥氏体完全发生珠光体转变的冷却速度要求，达到了进行超快速冷却的目的。

（6）在超快速冷却总时间相同的条件下，对棒材进行分段多次超快速冷却，其内部冷却强度明显高于一次超快速冷却，内部冷却速度提高。

6 轴承钢超快速冷却系统温度模型与自动化系统的实现

轴承钢的组织性能与温度控制有着密切的关系，而温度控制的精度又影响着棒材的组织性能的均匀性。因此，在实际生产中必须采用完善的自动化控制系统和准确的数学模型对超快速冷却系统的温度进行控制，以达到控制网状碳化物级别的目的。

6.1 轴承钢超快速冷却数学模型

6.1.1 温降差分模型

棒材在冷却过程中，主要包括内部的热传导过程和表面与外界的对流和辐射换热过程，随着直径的增加，热传导逐渐上升为控制传热过程的主要因素，因此，求解冷却过程的温度分布的核心是建立热传导方程，二维传热方程如下：

$$\frac{\partial^2 T}{\partial x^2} + \frac{\partial^2 T}{\partial y^2} + \frac{\dot{q}}{k} = \frac{1}{\alpha} \times \frac{\partial T}{\partial t} \tag{6-1}$$

$$\alpha = k/(\rho c)$$

式中，α 为导温系数；ρ 为材料密度；c 为比热容；k 为导热系数。

由于棒材在长度方向上的散热量远远小于直径方向上的散热量，可忽略长度方向上的热传导，而将传热过程视为沿直径方向上的一维传热过程，利用有限差分法可以进行求解，推导后的一维差分公式为（计算节点的网格划分如图 6-1 所示）：

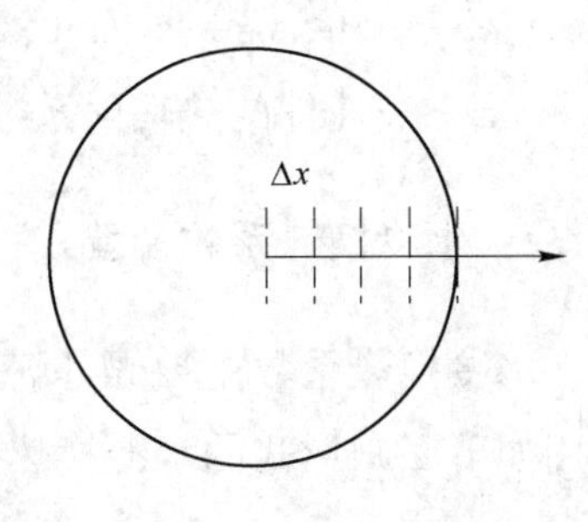

图 6-1　计算节点划分方法

内部节点差分方程：

$$-f \cdot T_{i+1}^{k+1} - f \cdot T_{i-1}^{k+1} + (1 + 2f) T_{i,j}^{k+1} = T_{i,j}^{k} + F \tag{6-2}$$

边界节点差分方程：

$$-2fT_{N-1}^{k+1} + (1 + 2f + 2Bif) T_{N}^{k+1} = T_{N,j}^{k} + F + 2Bif T_{\mathrm{W}} \tag{6-3}$$

其中 $f = \dfrac{\alpha \cdot \Delta t}{(\Delta x)^2}$ $F = \dfrac{\alpha \cdot \Delta t}{k} \cdot \dot{q}$ $Bi_x = \dfrac{h\Delta x}{k}$

6.1.2 空冷换热系数模型

空冷过程边界的换热主要包括辐射传热和对流换热，由于高温时棒材辐射损失远远超过了对流损失，因此可以只考虑辐射损失，而把其他影响都包含在根据实测数据确定的辐射率 ε 中。由于冷却过程主要是和冷却水进行对流换热，因此给出的是针对对流换热形式的边界条件。为实现和水冷的对流边界条件形式统一，需要将空冷换热写成对流换热形式。

根据 Stefan-Bolzmann 定律有：

$$q = \sigma \times \varepsilon \times (T_{\mathrm{s}}^4 - T_{介质}^4) \tag{6-4}$$

根据牛顿冷却公式：

$$q = h \times (T_{\mathrm{s}} - T_{介质}) \tag{6-5}$$

可得空冷换热系数模型为：

$$h = A \times \sigma \times \varepsilon \times (T_{\mathrm{s}}^2 + T_{介质}^2)(T_{\mathrm{s}} + T_{介质}) \tag{6-6}$$

式中 q——热流密度；

T_{s}——棒材表面温度；

h——速度修正系数；

$T_{介质}$——冷却介质温度；

A——自学习系数；

σ——Stefan-Bolzmann 常数，$\sigma = 5.67 \times 10^{-8}\mathrm{W/(m^2 \cdot K^4)}$；

ε——轧件的热辐射系数（或称为黑度），$\varepsilon < 1$。

6.1.3 水冷换热系数模型

水冷换热系数主要跟水流密度、棒材表面温度、运行速度等因素有关，采用如下回归形式的水冷换热系数模型：

$$h_{\mathrm{w}} = A \times a \times v_{\mathrm{x}} \times q_{\mathrm{w}}^{b} \times e^{cT_{\mathrm{s}}} \tag{6-7}$$

式中，A、q_w、T_s、v_x 分别为自学习系数、水流密度、棒材表面温度、速度修正系数；系数 a 是和直径规格、钢种成分有关的参量，可根据钢种层别、尺寸来确定；b、c 是模型常数系数。

6.1.4 温度滤波方法

生产过程中影响测温仪测量值波动的主要因素是棒材表面的残留水，当测温仪测量点为残留水时，测量值会出现较大幅度的波动，影响模型自学习效果。针对这种情况，开发了基于均值滤波方法对温度滤波进行如下改进处理，步骤如下：

（1）设置温度队列，队列包含最大采集温度样本个数 $n=20$。

（2）当测温仪检测到温度时，实际测量温度按照先入先出的次序加入队列。

（3）对队列中的温度测量值求和后取平均值 T_{avg}。

（4）设置一阈值 ΔT，控制测温仪测量数据是否允许加入队列，具体如下：

1）当测温仪测量值 T_{mea} 与队列中平均值 T_{avg} 相差小于等于阈值 ΔT 时，允许测量值 T_{mea} 加入队列；

2）当测温仪测量值 T_{mea} 与队列中平均值 T_{avg} 相差大于阈值 ΔT 时，不允许测量值 T_{mea} 加入队列，抛弃此数据。

（5）由队列中数据计算的平均值 T_{avg} 作为温度滤波后的输出结果，送给温度模型进行自学习。

以上方法由于加入了对异常温度数据的剔除，消除了波动大的测量数据对结果的影响，图 6-2 显示了对温度测量值滤波前后的对比，可以看出滤波后的温度曲线消除了温度波动的影响。

6.2 过程控制系统开发

过程控制系统通过通讯中间件与基础自动化系统进行数据通讯，实现数据采集与规程设定。过程控制系统包含 3 个线程：物料跟踪线程、温度模型计算线程和数据维护线程。

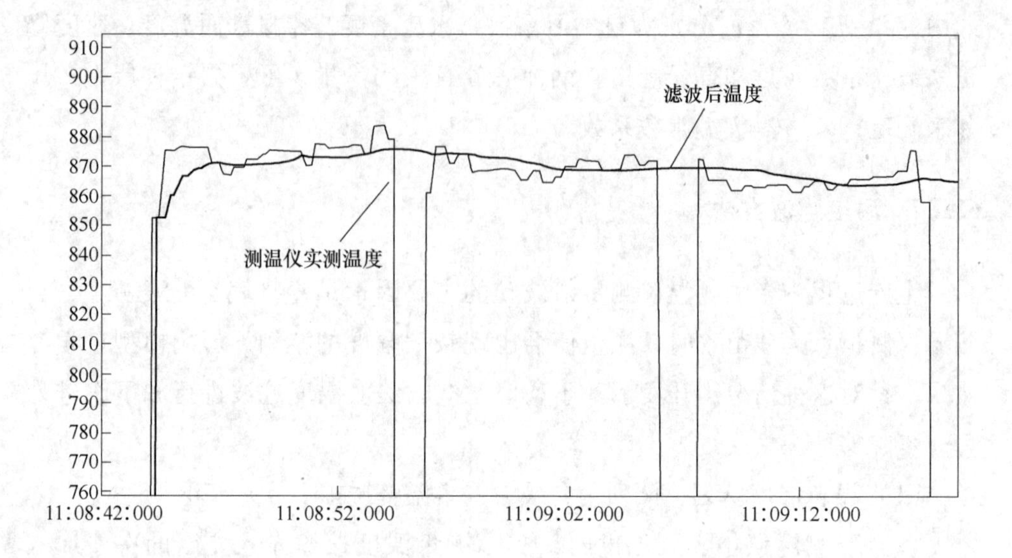

图 6-2 温度滤波前和滤波后对比

物料跟踪线程负责棒材头尾位置跟踪，并对采集数据进行处理，产生触发事件，协调其他进程工作。

数据维护线程与 SQL Server 数据库进行连接，程序启动时读入不同规格产品的初始规程设定，并可以对设定值进行更改后存储至数据库。当接收到温度模型计算线程的数据请求事件后，按照规格查询到相应数据，数据维护线程的画面如图 6-3 所示。

温度模型计算线程采用有限差分方法计算棒材冷却过程中的温度变化趋势，计算结果即为冷却规程，直接发送至基础自动化执行。温度模型的计算包括两种模式：

（1）给定产品规格、冷却速度、开冷温度和调节阀设定开度，预测产品的终冷温度。

（2）给定产品规格、冷却速度、开冷温度和终冷温度，计算成品轧机后 1 号和 2 号两个冷却器的流量和电动调节阀的开度。

同时温度模型线程具有温度自学习功能，当每个产品冷却完毕后，按照实际的开冷、终冷温度对影响温度预测精度的换热系数进行优化学习，保证后续产品冷却规程的计算精度。图 6-4 和图 6-5 分别为 ϕ15mm 和 ϕ30mm 轴承钢在给定开冷温度和终冷温度时的计算过程。

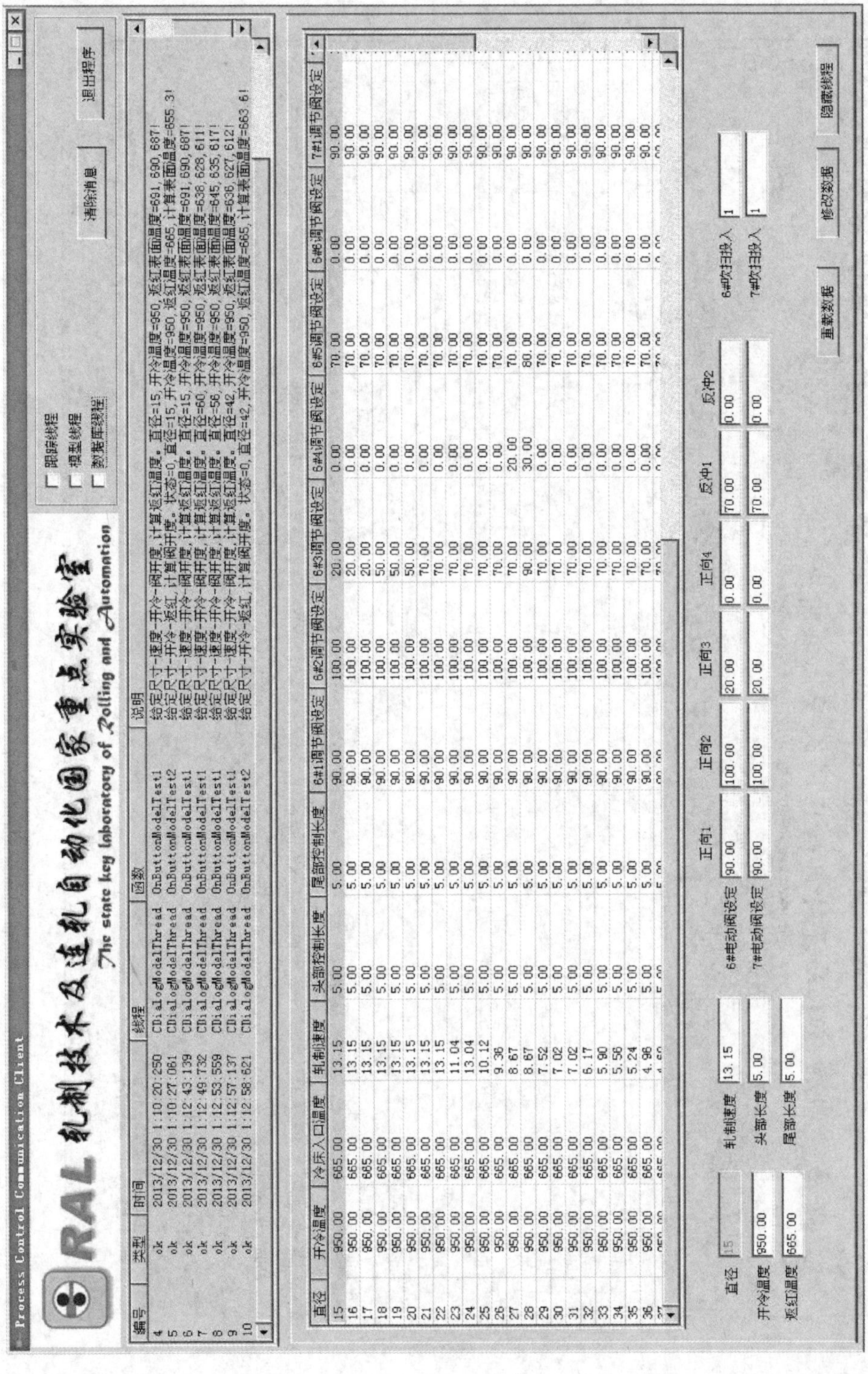

Process Control Communication Client

RAL 轧制技术及连轧自动化国家重点实验室
The state key laboratory of Rolling and Automation

跟踪线程
模型线程
数据库线程

清除消息　退出程序

编号	类型	时间	线程	函数	说明
4	ok	2013/12/30 1:10:20:250	CDialogModelThread	OnButtonModelTest1	给定尺寸-速度-开冷-阀开度,计算返红温度。直径=15,开冷温度=950,返红表面温度=691,690,687!
5	ok	2013/12/30 1:10:27:061	CDialogModelThread	OnButtonModelTest2	给定尺寸-开冷-返红,计算阀开度。状态=0,直径=15,开冷温度=950,返红温度=665,计算表面温度=655.3!
6	ok	2013/12/30 1:12:43:139	CDialogModelThread	OnButtonModelTest1	给定尺寸-速度-开冷-阀开度,计算返红温度。直径=15,开冷温度=950,返红表面温度=691,690,687!
7	ok	2013/12/30 1:12:49:732	CDialogModelThread	OnButtonModelTest1	给定尺寸-速度-开冷-阀开度,计算返红温度。直径=60,开冷温度=950,返红表面温度=638,628,611!
8	ok	2013/12/30 1:12:53:559	CDialogModelThread	OnButtonModelTest1	给定尺寸-速度-开冷-阀开度,计算返红温度。直径=56,开冷温度=950,返红表面温度=645,635,617!
9	ok	2013/12/30 1:12:57:137	CDialogModelThread	OnButtonModelTest1	给定尺寸-速度-开冷-阀开度,计算返红温度。直径=42,开冷温度=950,返红表面温度=636,627,612!
10	ok	2013/12/30 1:12:58:621	CDialogModelThread	OnButtonModelTest2	给定尺寸-开冷-返红,计算阀开度。状态=0,直径=42,开冷温度=950,返红温度=665,计算表面温度=663.6!

直径	开冷温度	冷床入口温度	轧制速度	头部控制长度	尾部控制长度	6#1调节阀设定	6#2调节阀设定	6#3调节阀设定	6#4调节阀设定	6#5调节阀设定	6#6调节阀设定	7#1调节阀设定
15	950.00	665.00	13.15	5.00	5.00	90.00	100.00	20.00	0.00	70.00	0.00	90.00
16	950.00	665.00	13.15	5.00	5.00	90.00	100.00	20.00	0.00	70.00	0.00	90.00
17	950.00	665.00	13.15	5.00	5.00	90.00	100.00	20.00	0.00	70.00	0.00	90.00
18	950.00	665.00	13.15	5.00	5.00	90.00	100.00	50.00	0.00	70.00	0.00	90.00
19	950.00	665.00	13.15	5.00	5.00	90.00	100.00	50.00	0.00	70.00	0.00	90.00
20	950.00	665.00	13.15	5.00	5.00	90.00	100.00	50.00	0.00	70.00	0.00	90.00
21	950.00	665.00	13.15	5.00	5.00	90.00	100.00	70.00	0.00	70.00	0.00	90.00
22	950.00	665.00	13.15	5.00	5.00	90.00	100.00	70.00	0.00	70.00	0.00	90.00
23	950.00	665.00	11.04	5.00	5.00	90.00	100.00	70.00	0.00	70.00	0.00	90.00
24	950.00	665.00	13.04	5.00	5.00	90.00	100.00	70.00	0.00	70.00	0.00	90.00
25	950.00	665.00	10.12	5.00	5.00	90.00	100.00	70.00	0.00	70.00	0.00	90.00
26	950.00	665.00	9.36	5.00	5.00	90.00	100.00	70.00	0.00	70.00	0.00	90.00
27	950.00	665.00	8.67	5.00	5.00	90.00	100.00	70.00	20.00	70.00	0.00	90.00
28	950.00	665.00	8.67	5.00	5.00	90.00	100.00	90.00	30.00	80.00	0.00	90.00
29	950.00	665.00	7.52	5.00	5.00	90.00	100.00	70.00	0.00	70.00	0.00	90.00
30	950.00	665.00	7.02	5.00	5.00	90.00	100.00	70.00	0.00	70.00	0.00	90.00
31	950.00	665.00	7.02	5.00	5.00	90.00	100.00	70.00	0.00	70.00	0.00	90.00
32	950.00	665.00	6.17	5.00	5.00	90.00	100.00	70.00	0.00	70.00	0.00	90.00
33	950.00	665.00	5.90	5.00	5.00	90.00	100.00	70.00	0.00	70.00	0.00	90.00
34	950.00	665.00	5.56	5.00	5.00	90.00	100.00	70.00	0.00	70.00	0.00	90.00
35	950.00	665.00	5.24	5.00	5.00	90.00	100.00	70.00	0.00	70.00	0.00	90.00
36	950.00	665.00	4.96	5.00	5.00	90.00	100.00	70.00	0.00	70.00	0.00	90.00

直径 15　轧制速度 13.15
开冷温度 950.00　头部长度 5.00
返红温度 665.00　尾部长度 5.00

	正向1	正向2	正向3	正向4	反冲1	反冲2
6#电动阀设定	90.00	100.00	20.00	0.00	70.00	0.00
7#电动阀设定	90.00	100.00	20.00	0.00	70.00	0.00

6#吹扫投入 1
7#吹扫投入 1

重载数据　修改数据　隐藏线程

图 6-3　数据维护

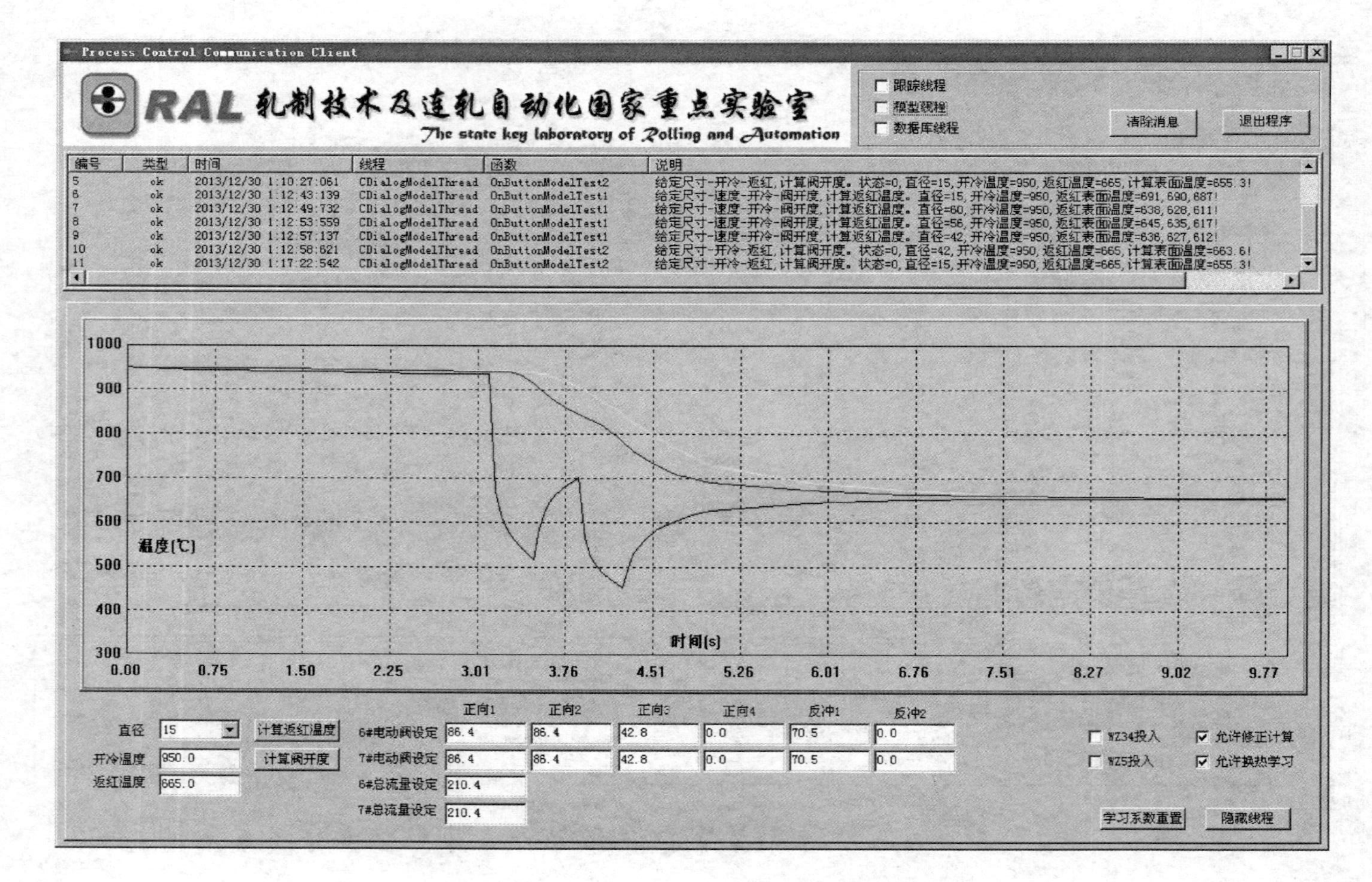

图 6-4 直径为 15mm,速度为 13.15m/s 的棒材规程计算结果

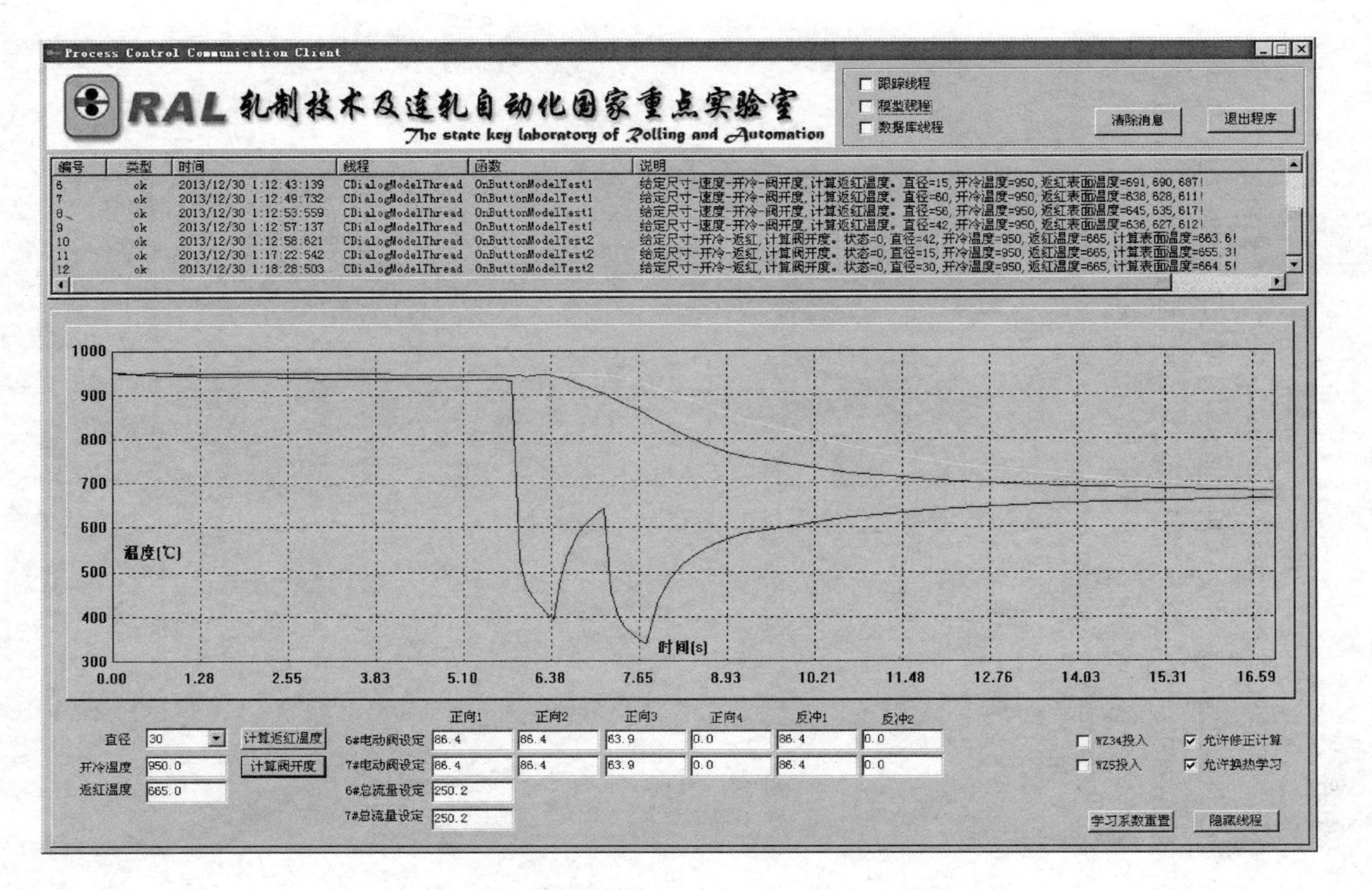

图 6-5　直径为 30mm,速度为 7.02m/s 的棒材规程计算结果

6.3 小结

本章对轴承钢超快速冷却过程控制所需的温降差分模型、空冷换热模型及水冷换热模型进行了分析，采用温度检测过程的温度滤波方法，使温度数据记录更加准确；建立了过程控制系统二级模型，实现了与基础自动化系统的数据通讯，完成了数据采集与规程设定的界面系统。

7 轴承钢棒材超快速冷却工业化生产

在前文的分析中，针对轴承钢棒材终轧后冷却速度缓慢导致晶界处网状二次碳化物析出的问题，提出了新型控冷方法——超快速冷却工艺。棒材超快速冷却工艺是利用棒材高温终轧后在奥氏体状态下直接进行表层超快冷却，随后由其心部传出余热进行自身回火，提高心部的冷却速度。并针对大断面棒材进行分段多次超快速冷却，在棒材表面温度不低于300℃，以防止表面马氏体组织生成的前提下，保证棒材断面各个不同位置的冷却速度均可以达到抑制网状碳化物析出、残余奥氏体完全发生珠光体转变的要求。对轴承钢棒材进行超快速冷却，目的是改善轴承钢的组织形态，细化高温奥氏体晶粒；抑制晶界处网状二次碳化物的析出，使其在基体中弥散析出，提高强度；同时减小珠光体球团直径，细化珠光体片层间距，得到整个断面上均匀地抑制了网状碳化物析出的细小珠光体组织。

在对理论研究和实验室模拟轧制、模拟冷却工作进行分析总结的基础上，针对国内某特殊钢厂轴承钢棒材网状碳化物严重析出问题，在不改变原有热连轧生产工艺的基础上，在连轧机后安装超快速冷却系统，进行轴承钢棒材高温终轧后超快速冷却工业实验和批量化生产。通过高温终轧后超快速冷却，既达到了控制网状析出的目的，又可以保证连轧生产线的轧制速度和避免连轧生产线上待温工序，不仅可以使得企业取得较大的经济效益，而且对于我国经济和社会发展也具有重要意义。

7.1 化学成分和超快速冷却生产工艺流程

7.1.1 化学成分

在理论研究和实验室模拟轧制工作的基础上，在国内某特殊钢厂热连轧机组上安装了超快速冷却器并进行超快速冷却工业实验。表7-1所示为实验用钢的化学成分。每组试验的同一规格棒材使用同一炉钢坯，其中1～3号工艺为不同规格的轴承钢棒材工业实验工艺，4号工艺为规格为ϕ60mm棒材的批量化生产工艺。

表7-1 工业实验和工业生产中钢的化学成分（质量分数）（%）

工艺编号	C	Si	Mn	P	S	Cr	Ni	Cu	Mo	Ti	Al
1	1.02	0.22	0.36	0.11	0.003	1.48	0.08	0.15	0.02	0.002	0.036
2	0.98	0.54	0.34	0.0014	0.002	1.49	0.06	0.1	0.01	0.0044	0.021
3	1.00	0.22	0.33	0.01	0.003	1.48	0.07	0.13	0.03	0.0018	0.003
4	1.00	0.23	0.34	0.009	0.003	1.49	0.07	0.15	0.02	0.0017	0.005

7.1.2 超快速冷却生产设备

特殊钢棒材厂连轧机组共有22架轧机，其中粗、中、预精轧各为6架（共18架），精轧4架。主要生产规格为ϕ20～80mm棒材。连轧过程中轧制速度随着棒材规格变化其范围是1.1～12m/s。棒材经过连轧机组高温终轧成一定规格并经过分段剪切后上冷床进行缓冷。在原有的连轧生产线上，由于轧机和剪切机等设备能力不足，无法使用低温轧制等工艺技术，而原有的单一水箱的冷却能力不足，造成轴承钢生产过程中经常出现网状碳化物超标现象，影响了轴承钢的质量。

为了抑制网状碳化物的析出达到热轧后超快速冷却的目的，在原有的热连轧生产线上安装了超快速冷却器，高温终轧后进行超快速冷却。通过前面的分析可以知道，对于小断面棒材，高温终轧后通过一次超快速冷却，就可以保证棒材断面各个不同位置冷却速度均达到抑制网状碳化物析出、残余奥氏体完全发生珠光体转变的冷却速度要求，而对于大断面直径（$\phi \geqslant$60mm），通过一次超快速冷却，虽然表面返红温度可以达到700℃以下并抑制了网状碳化物的析出，但是由于断面直径太大，心部冷却速度缓慢，这样就不能抑制网状碳化物析出，必须通过多次分段超快速冷却才能满足棒材断面各个不同位置的冷却速度均可以达到抑制网状碳化物析出、残余奥氏体完全发生珠光体转变的要求。在本章中，以上述理论结果为基础上，并结合特殊钢棒材厂原有连轧生产线的现有条件，在连轧机组后安装了三段超快速冷却器，其布局从图 7-1 中可以看到。

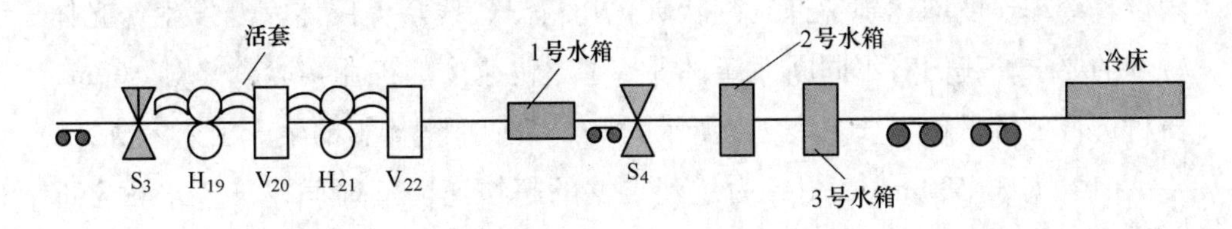

图 7-1 冷却水箱布置图

超快速冷却器为三套在线水箱，每套水箱有三条不同的内径管道，根据不同的棒材生产规格分别运用，适用规格为 $\phi20 \sim \phi80$mm 的棒材。水箱采用高压喷嘴水冷却方式，总供水量最大为 720m^3/h，每段冷却器最大流量可达到 360m^3/h。其中 1 号水箱长 8m，由 9 个喷嘴组成，其中 6 个正喷冷却水管、2 个反喷水管、1 个高压空气风管；2 号、3 号水箱各长 5m，其中 4 个正吹、2 个反吹、1 个气吹。3 号水箱到冷床的距离为 22m。水箱水压可以根据要求进行调节，最高水压可以达到 1.5 ~ 1.8MPa，可以利用较大压力冲刷棒材表面，全面打碎蒸汽膜，使得换热系数激增，达到提高冷却强度、增大冷却速度的目的。1 号水箱与 2 号水箱间隔为 7m，2 号和 3 号水箱间隔为 5m，在这个阶段棒材表面可以发生一定的返红现象。通过调节水流量、水压和喷嘴孔大小，超快速冷却瞬时冷却速度最高可达到 400℃/s。

在超快速冷却过程中，需用一些测温仪器对所选的温度测定点进行温度测定，并计算不同阶段的冷却速度。在整套生产线上装有加热温度和出炉温度等高温点测定装备，温度值由温度屏显示，其他测温点用测温仪进行测量，本实验所采用的测温仪是便携式智能红外双色测温仪。通过红外测温仪测定棒材表面温度，每个工艺测量点为 5 个，各点温度取其平均值。

7.1.3 超快速冷却工艺参数

将规格为 200mm × 200mm 的轴承钢方坯在加热炉中进行加热，入炉温度为 650℃，加热温度为 1200℃，总加热时间为 6h，出炉温度为 1120 ~ 1150℃。出炉后进入连轧机组进行轧制，得到不同规格的轴承钢棒材，终轧温度为 980 ~ 1000℃。

轴承钢棒材高温终轧后，为了提高冷却速度，满足冷却后棒材断面的不同位置冷却速度均达到了抑制网状碳化物析出、残余奥氏体完全发生珠光体转变的要求，我们对不同断面棒材进行了超快速冷却工业实验，并对 ϕ60mm 棒材进行了批量化生产，表 7-2 所示为 GCr15 轴承钢棒材的生产工艺参数。

（1）对于 ϕ30mm 棒材，为达到足够的超快速冷却时间，三段水箱全部打开。调节水压为 0. 8MPa，返红温度为 780℃，而且棒材表面出现了红黑不均匀现象（表 7-2 中工艺 1-1）；由于 1-1 工艺条件下超快速冷却后返红温度过高，第二次实验三段水箱仍然全部打开，调节水压为 1. 3MPa，最高返红温度降低到 710℃，棒材表面温度均匀（表 7-2 中工艺 1-2）。

（2）对于 ϕ40mm 棒材，超快冷过程中三段水箱全部打开，调节水压为 1. 3MPa，返红温度为 695℃（表 7-2 中工艺 2）。

（3）对于 ϕ60mm 棒材，超快冷过程中三段水箱全部打开，调节水压为 1. 3MPa，所用水箱喷嘴内径为 ϕ80mm，出 3 号水箱时棒材表面温度为 230℃，达到了马氏体转变温度，最高返红温度为 629℃（表 7-2 中工艺 3-1）；改进超快冷工艺，高温终轧后开 1 号、3 号水箱，出 3 号水箱后最低温度为 348℃，最高返红温度为 695℃（工艺 3-2）。

（4）表 7-2 中所示工艺 4-1 ~ 工艺 4-3 为 ϕ60mm 棒材的三次批量化生产，超快冷过程中均使用 1 号、3 号水箱，超快速冷却棒材表面终冷温度在 340℃左右，超快速冷却后其表面返红温度均低于 710℃。

表 7-2 工业实验和工业生产中的工艺参数

工艺编号	产品规格 ϕ/mm	出炉温度 /℃	轧制速度 /m · s^{-1}	终轧温度 /℃	超快冷前温度/℃	超快冷后温度/℃	最高返红温度/℃
1-1	30	1120	4. 5	998	982	510	780
1-2		1150			979	459	710
2	40	1110	3. 3	995	975	448	695
3-1	60	1120	1. 5	985	962	230	629
3-2		1150		990	963	348	695
4-1	60	1135	1. 5	985	955	358	705
4-2	60	1120	1. 48	982	952	345	701
4-3	60	1140	1. 48	980	958	339	695

7.2 组织性能检测结果

不同规格的轴承钢棒材通过超快速冷却器后返红到一定温度，然后上冷床进行缓冷。将冷却到室温后的棒材剪切取样，取棒材中间部位制成金相试样，进行显微组织观察和显微硬度测试，挑选部分试样进行能谱线扫描分析，并对其进行淬回火，之后按照 JB/T 1255—2001 标准对比，挑选网状碳化物最严重区域进行网状碳化物评级[119]，淬回火工艺为在 830℃保温 1h 后迅速取出油淬，并在 150℃低温回火 2h，对原剖面重新打磨、抛光、深腐蚀，腐蚀液为 4% 的硝酸酒精溶液。

图 7-2 所示为批量化生产规格为 ϕ60mm 的轴承钢棒材出超快速冷却器和上冷床前返红状态的照片。

图 7-2　轴承钢棒材冷却过程的照片
a—超快速冷却出口；b—上冷床的输送辊道

从图 7-2a 中可以看到，ϕ60 棒材经过超快速冷却器后表面为黑色，迅速降低到较低的温度；而出冷却器后经过一段时间，棒材表面出现返红现象，从图 7-2b 可以看到，棒材表面由黑色转变为微红色。这是因为棒材断面较大，在超快速冷却阶段，冷却强度较大，棒材表面温度迅速降低，而心部温度降低较少，在接下来的缓冷过程中，由于内外存在较大温度梯度，在内部温度继续降低的同时，表面温度首先发生回升，即出现了返红现象。

7.2.1 ϕ30mm 轴承钢棒材工业试验的组织性能分析

针对 ϕ30mm 轴承钢棒材，由于其轧制速度较快为 4.5m/s，为了达到足够的超快速冷却时间，三段水箱全部打开，超快速冷却总时间为 4s。水压为 0.8MPa，其表面超快速冷却终冷温度为 510℃，返红温度达到了 780℃；随着水压增加到 1.3MPa 其表面超快速冷却终冷温度和返红温度分别降低到 459℃、710℃（工艺 1-1、工艺 1-2）。图 7-3、图 7-4 所示分别为工艺 1-1、工艺 1-2 横断面不同位置的室温显微组织照片。

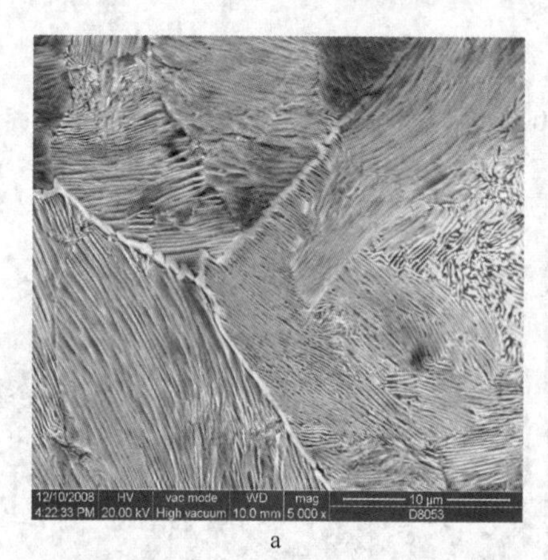

a

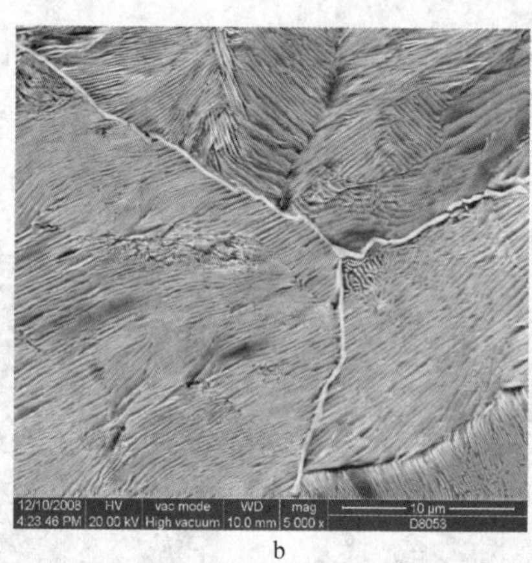

b

图 7-3 工艺 1-1 条件下的显微组织

a—棒材表面；b—棒材心部

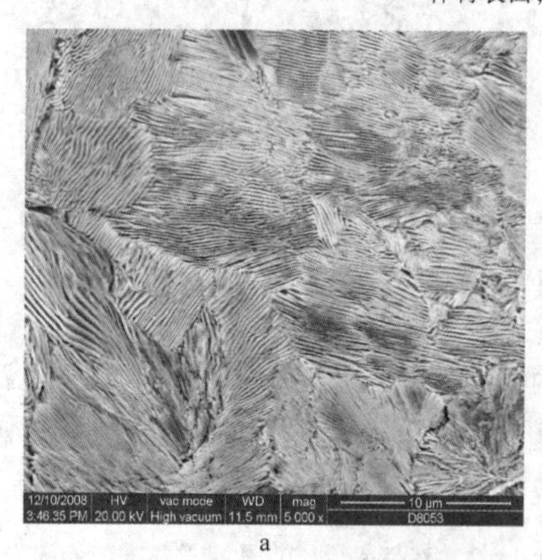

a

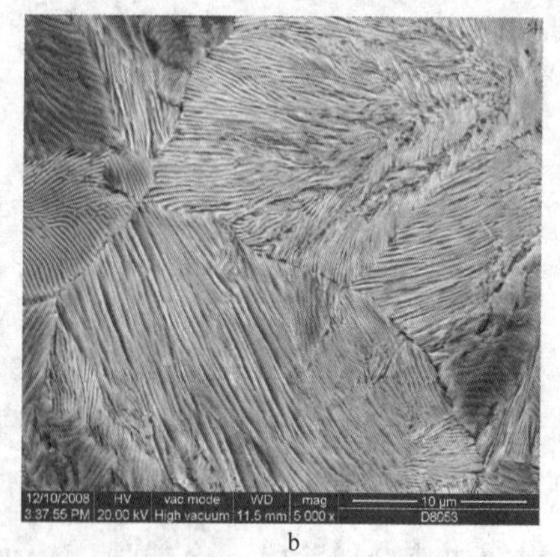

b

图 7-4 工艺 1-2 条件下的显微组织

a—棒材表面；b—棒材心部

从图 7-3 中可以看到，ϕ30mm 棒材经过工艺 1-1 超快速冷却后，棒材表面和心部组织为片层珠光体和晶界处明显的白色网状二次碳化物。

而 ϕ30mm 棒材经过工艺 1-2 超快速冷却后，棒材表面部分和心部室温显微组织均为细小的片层状珠光体，晶界处看不到白色的网状二次碳化物析出（图 7-4）。从图中也可以看到，由于心部冷却速度比表面低，虽然抑制了网状碳化物的析出，但是珠光体球团直径和珠光体片层间距都比表面要大，但是变化趋势并不是很明显。

将分别经过工艺 1-1、工艺 1-2 冷却到室温后的 GCr15 轴承钢 ϕ30mm 棒材进行淬回火实验，用 4% 硝酸酒精溶液对其深腐蚀后挑选网状二次碳化物最严重区域进行二次碳化物网状评级，其网状组织照片如图 7-5 所示。

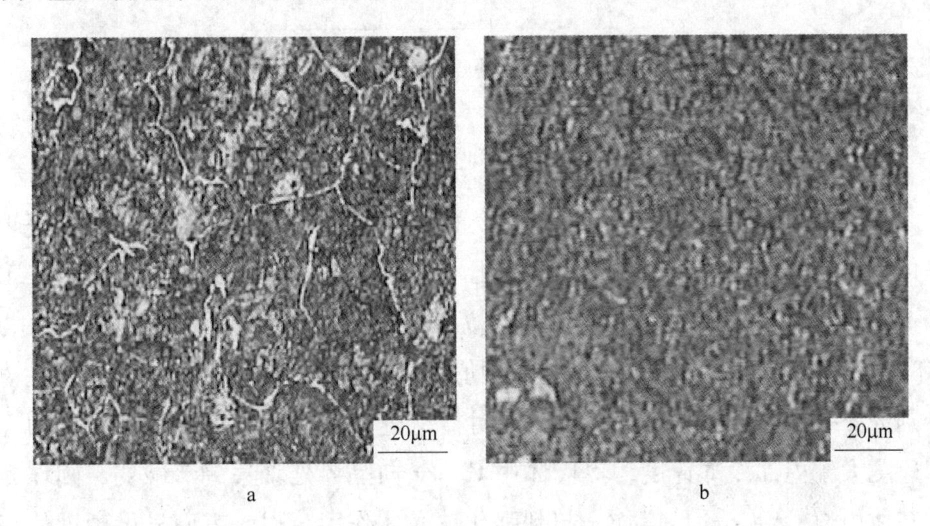

图 7-5　ϕ30mm 棒材经过两种不同工艺后获得的网状碳化物组织

a—工艺 1-1；b—工艺 1-2

从图 7-5 中可以看到，冷却工艺为 1-1 条件下，网状二次碳化物呈现紧密的网状连接，而冷却工艺为 1-2 条件下，淬回火后看不到网状结构，二次碳化物弥散析出。按照 GB/T 18254—2002 标准，经过工艺 1-1 超快速冷却后棒材表面返红温度为 780℃条件下，网状碳化物级别为 5 级，不符合国家标准要求；而经过工艺 1-2 超快速冷却后棒材表面返红温度为 710℃条件下，网状碳化物级别为 1 级，达到国家标准要求。ϕ30mm 轴承钢棒材经过工艺 1-2 超快速冷却后，断面各个不同位置的冷却速度均可以达到抑制网状碳化物析出、残余奥氏体完全发生珠光体转变的要求，达到了进行超快速冷却的目的。

图 7-6 所示是 ϕ30mm 棒材经过工艺 1-1、工艺 1-2 超快速冷却后，其横断面从表面部分到心部的显微硬度分布。

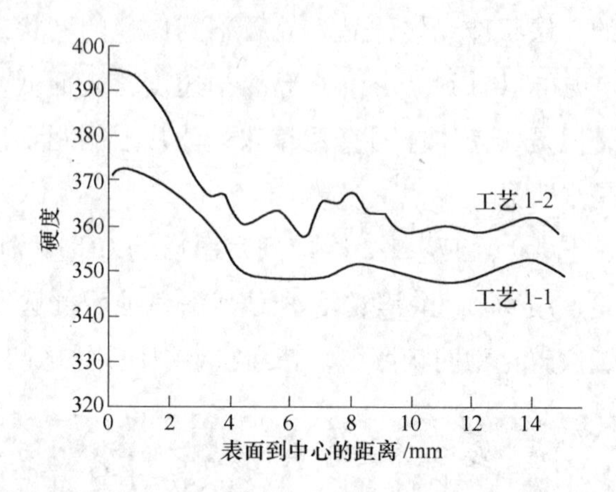

图 7-6 ϕ30mm 棒材边部到心部的显微硬度分布

从图 7-6 中可以看到，沿着棒材表面向心部 4mm 部分，其显微硬度呈现降低趋势，而棒材内部显微硬度变化不大，上下波动不超过 10IIV。在工艺 1-1 条件下，棒材最大显微硬度值为 372HV，其心部最小显微硬度值为 348HV；在工艺 1-2 条件下，其显微硬值明显增大，其最大和最小显微硬度值分别为 395HV、359HV。这是因为在对棒材进行超快速冷却过程中，表面冷却速度大于内部冷却速度，奥氏体中 C、Cr 向晶界处聚集趋势减弱，则珠光体基体内部 C、Cr 含量增加，起到强化珠光体作用，因此表面显微硬度值相对内部呈现增加趋势；而且棒材表面冷却较大，其室温组织中珠光体球团直径和珠光体片层间距都比内部略有减小（图 7-4），这对提高表面部分显微硬度也有一定作用。在工艺 1-2 条件下，ϕ30mm 棒材超快速冷却后返红温度为 710℃，其对棒材内部冷却速度的提高作用也高于工艺 1-1 条件下，因此其室温组织为抑制了网状碳化物析出的细小珠光体组织（图 7-4），而工艺 1-1 条件下的室温组织为晶界处有网状二次碳化物析出的珠光体组织（图 7-5）。因此，在工艺 1-2 条件下，其室温组织中的碳化物弥散析出起到强化作用，而珠光体片层间距细小，单位体积内片层排列方向增多，铁素体片和渗碳体片变细变短，相界面增加，因此抗变形能力增大，以上因素综合作用导致了其显微硬度值相对于工艺 1-1 条件下轴承钢棒材明显增加。

7.2.2 ϕ40mm 轴承钢棒材工业试验的组织性能分析

图 7-7 所示是工艺 2 条件下 ϕ40mm 轴承钢棒材冷却到室温后，其横断面的金相显微组织照片，图 7-8 所示为与其相对应的室温扫描照片。

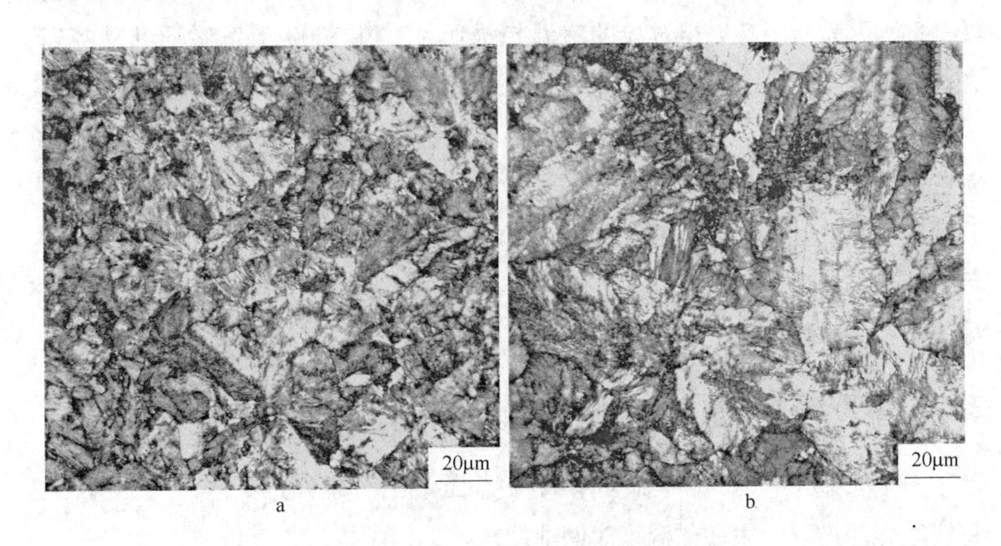

图 7-7 工艺 2 条件下的金相组织照片

a—表面；b—心部

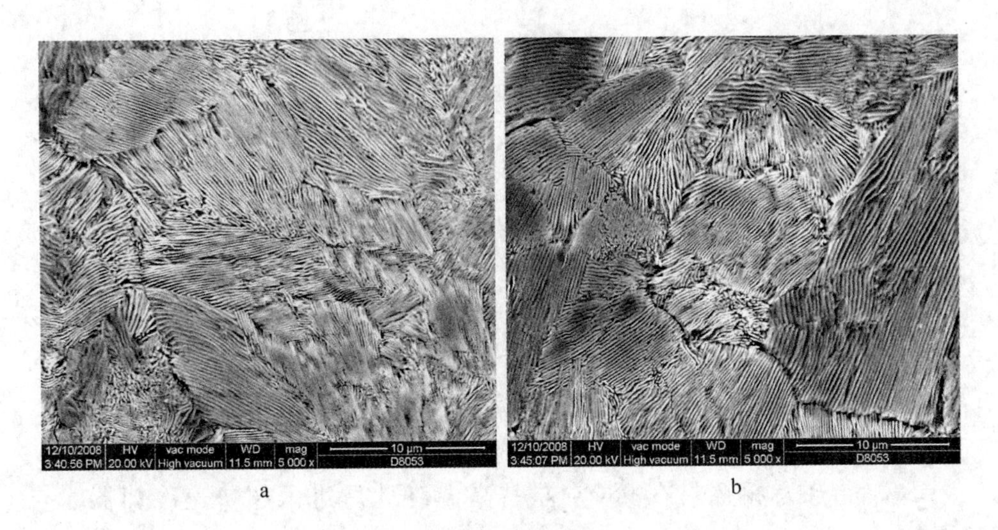

图 7-8 工艺 2 条件下的扫描照片

a—表面；b—心部

ϕ40mm 轴承钢棒材在 995℃高温终轧后进入超快速冷却器，三段超快速冷却器全部打开，超快速冷却总时间为 5. 6s，棒材表面超快速冷却终冷温度为 448℃，返红最高温度为 695℃，随后棒材上冷床进行缓慢冷却（工艺 2）。从图 7-7 中可以看到，ϕ40mm 轴承钢棒材经过工艺 2 冷却后，其表面部分和心部室温组织均为团絮状珠光体组织，看不到明显的晶界处网状二次碳化物。图 7-8 所示为与图 7-7 相对应的室温扫描照片。在 5000 倍条件下可以看到，棒材表面部分和心部室温组织均为一层铁素体一层渗碳体紧密排列的细小珠光体组织。经过工艺 2 的超快速冷却后，ϕ40mm 轴承钢棒材断面各个不同位置的冷却速度均可以达到抑制网状碳化物析出、残余奥氏体完全发生珠光体转变的要求，达到了进行超快速冷却的目的。由于棒材表面冷却速度大于内部心部冷却速度，因此从图 7-7、图 7-8 中也可以看到，其室温组织中珠光体球团直径和片层间距比心部组织减小。

7. 2. 3 ϕ60mm 轴承钢棒材工业试验的组织性能分析

图 7-9 所示是 ϕ60mm 轴承钢棒材高温终轧后分别经过工艺 3-1、工艺 3-2 超快速冷却过程中表面的温度时间曲线。

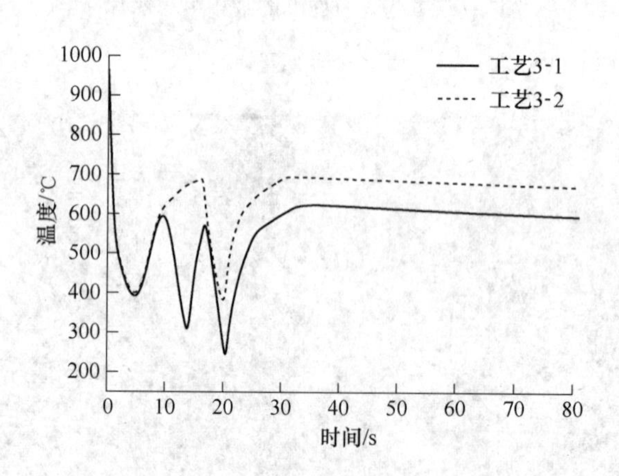

图 7-9 ϕ60mm 棒材超快速冷却温度时间曲线

ϕ60mm 轴承钢棒材在 980℃左右高温终轧后进入超快速冷却器，与小断面棒材相比，超快速冷却器水压不变仍然为 1. 3MPa，由于轧制速度相对减小为 1. 5m/s，在工艺 3-1 过程中，当三段水箱全部打开时，超快速冷却总时间为12s。虽然三次超快速冷却提高了棒材内外部的冷却速度，超快速冷却过程中棒材表面冷却速度均大于100℃/s，棒材表面最高返红温度在600～700℃之间。但是由于超快速冷却时间过长，棒材出3号冷却器后其表面最低温度为230℃，达到马氏体转变温度区域（图7-9中曲线1）。棒材表面终冷温度低于马氏体转变温度时，棒材中出现混晶组织[120]；而且当返红时间短，内外温差较大时，变形后断面直径和冷却强度越大，则所产生的冷缩应力也越大，更容易导致裂纹的生产，在工业生产中一定要避免这种现象的产生。

优化工艺参数，对于$\phi\geqslant60$mm的大断面轴承钢棒材，在超快速冷却过程中要进行分段超快速冷却，超快速冷却最低温度要高于马氏体转变温度，两段超快速冷却过程中要有一定的返红时间，适当减小内外温差。并在超快速冷却后进行缓慢冷却，使得整个断面的温度趋于均匀，避免混晶组织生成，热应力得到一定程度缓解，避免裂纹产生。因此在工艺3-2中开1号、3号水箱，增大分段超快速冷却过程中返红时间，超快速冷却总时间为8.6s，中间段返红时间为11s；冷却水压保持不变为1.3MPa，超快速冷却过程中棒材表面冷却速度均大于100℃/s；两段超快速冷却结束后其表面最低温度为348℃，最高返红温度为695℃（图7-9中曲线2）。

图7-10所示是$\phi60$mm轴承钢棒材经过工艺3-2超快速冷却到室温后断面的金相显微组织照片，图7-11所示为与其相对应的扫描照片。

从图7-10、图7-11中可以看到，$\phi60$mm轴承钢棒材经过工艺3-2超快速冷却后，其整个断面上的室温组织均为抑制了晶界处网状二次碳化物析出的

a

b

图 7-10 经过工艺 3-2 获得的金相组织照片

a—表面；b—1/4 处；c—心部

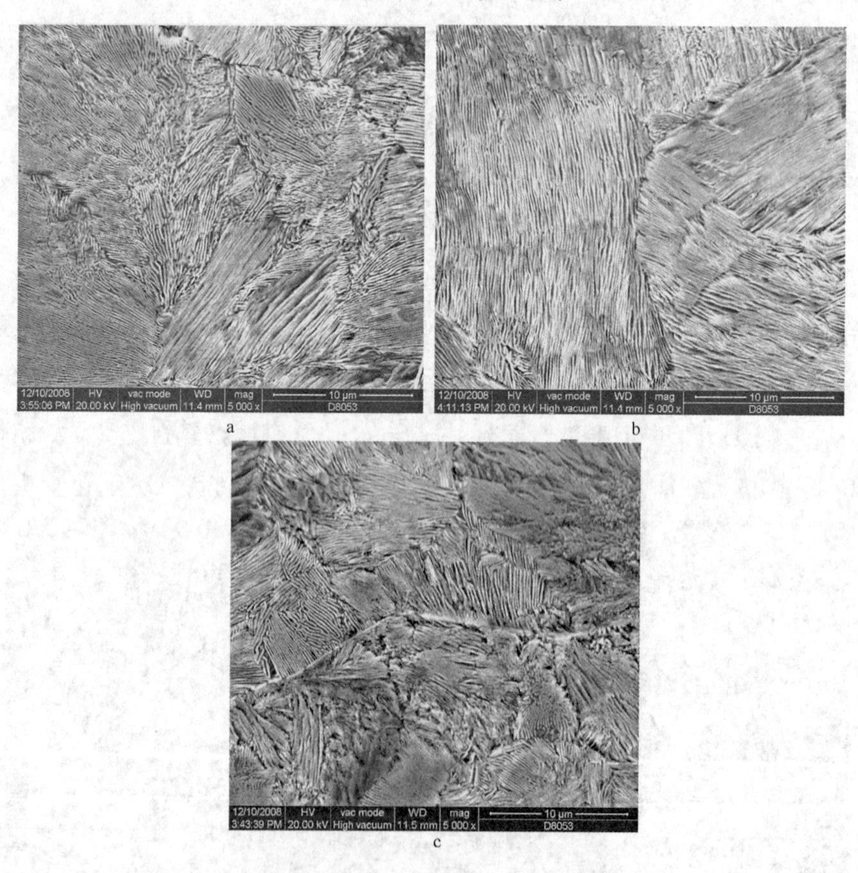

图 7-11 经过工艺 3-2 获得的扫描照片

a—表面；b—1/4 处；c—心部

细小珠光体组织。由于棒材表面冷却速度相对较快，因此表面部分珠光体球体直径和片层间距均小于内部组织。图 7-12 所示是对工艺 3-2 条件下冷却到室温后的棒材进行电子能谱线扫描，分析显微组织中 Fe、C、Cr 元素的变化规律。

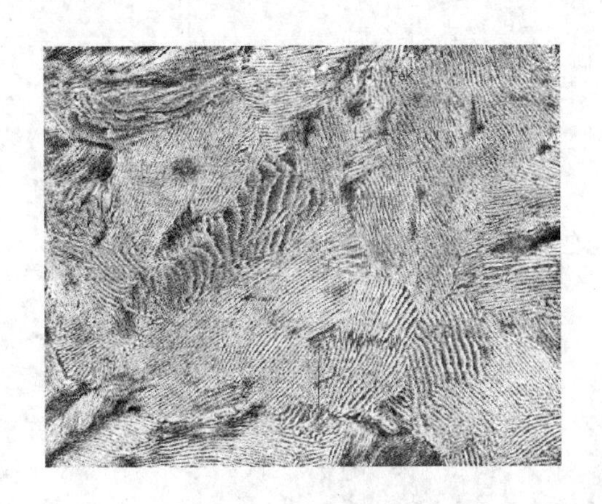

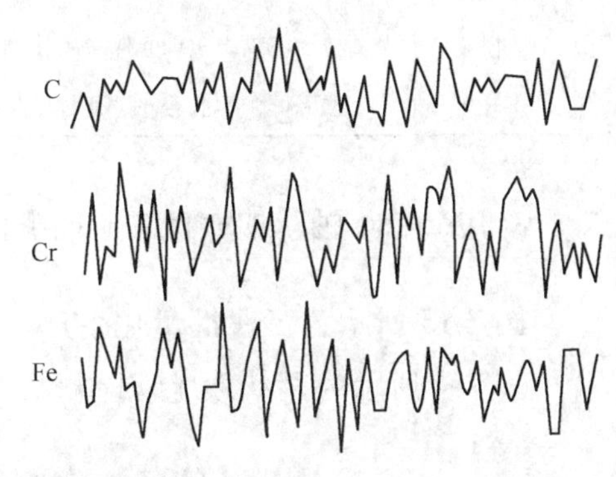

图 7-12 经过工艺 3-2 后棒材的线扫描能谱

在能谱分析过程中，在 5000 倍条件下沿着珠光体球团晶内-晶界-晶内方向进行线扫描，从图 7-12 中可以看到，ϕ60mm 轴承钢棒材经过工艺 3-2 超快速冷却后，其室温显微组织中 Fe、C、Cr 元素分布均匀，沿晶内-晶界-晶内方向其含量没有太大变化，不存在 C、Cr 元素向晶界处聚集现象。

表 7-3 所示是不同规格轴承钢棒材工业试验的组织性能检测结果。

从表 7-3 中可以看到，轴承钢棒材经过工艺 1-1 后，按照 GB/T 18254—2002 标准评级，其网状碳化物级别为 5 级，不符合标准；而经过工艺 3-1 后，由于冷却强度较大，表面出现少量马氏体组织，轴承钢棒材生产中必须要避免这种混晶组织产生。不同规格轴承钢棒材分别经过工艺 1-2、工艺 2、工艺 3-2 的超快速冷却后，其网状碳化物级别均不大于 2 级，达到轴承行业要求标准，且整个断面的室温组织均为细小的珠光体组织，经过上述超快速冷却工艺 1-2、工艺 2、工艺 3-2 后，棒材断面各个不同位置的冷却速度均可以达到抑制网状碳化物析出、残余奥氏体完全发生珠光体转变的要求，达到了进行超快速冷却的目的。

表 7-3 不同规格棒材的组织性能结果

实验编号	组织形态	P 片层间距/μm	网状碳化物级别	HV
1-1	珠光体 + 网状碳化物	0.36	5	334.38
1-2	索氏体 + 弥散分布碳化物	0.19	≤2	393.22
2	索氏体 + 弥散分布碳化物	0.19	≤2	378.22
3-1	少量马氏体组织 + 珠光体 + 碳化物	0.52	≤2	428.5
3-2	索氏体 + 弥散分布碳化物	0.21	≤2	373.4

7.2.4 ϕ60mm 轴承钢棒材工业批量化生产的组织性能分析

图 7-13 所示为工业批量化生产中 ϕ60mm 轴承钢棒材断面的典型组织照片，表 7-4 所示为网状碳化物检测结果。

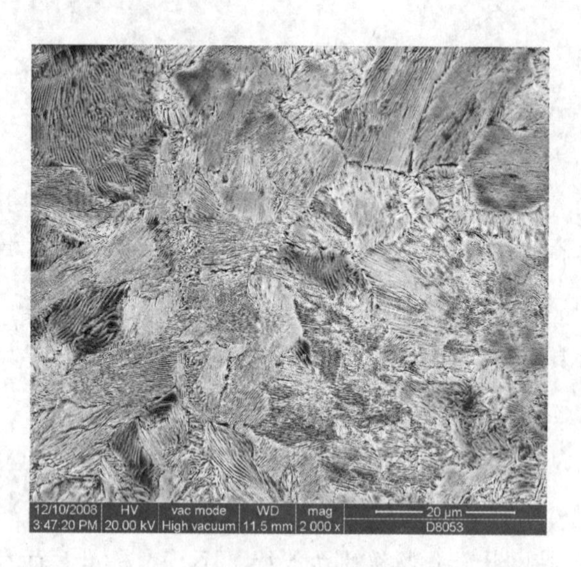

图 7-13 棒材断面典型组织形貌

从图 7-13 和表 7-4 中可以看到，在 ϕ60mm 轴承钢棒材的三次批量化生产过程中，采用开 1 号、3 号水箱的分段式超快速冷却工艺，超快速冷却棒材表面终冷温度在 340℃左右，超快速冷却后其表面返红温度均低于 710℃，然后上冷床缓慢冷却，棒材断面各个不同位置的冷却速度均达到了抑制网状碳化物析出、残余奥氏体完全发生珠光体转变的要求，整个断面室温组织均为细小片层间距的索氏体组织 + 弥散分布的碳化物，其网状碳化物级别均不大于 2 级，达到轴承行业要求标准。

表 7-4　ϕ60mm 轴承钢棒材工业化生产网状碳化物级别

试　样	4-1	4-2	4-3
1	2.0	2.0	2.0
2	1.5	2.0	2.0
3	1.5	1.5	2.0
4	2.0	2.5	1.5
5	2.0	2.0	2.0
平　均	1.8	2.0	1.9

7.3　小结

（1）在不改变钢厂原有热连轧生产工艺的基础上，在连轧机组后安装三组超快速冷却系统，通过调节水压、喷嘴孔大小以及开水箱个数，针对不同规格棒材进行高温终轧后超快速冷却，其瞬时冷却速度最高可达到 400℃/s。经过超快速冷却后，不同规格棒材断面各个不同位置的冷却速度均可以达到抑制网状碳化物析出、残余奥氏体完全发生珠光体转变的要求，网状碳化物级别均小于 2 级，达到轴承行业标准。

（2）随着超快速冷却水箱水压的增大，棒材表面返红温度降低，针对 $\phi<60$mm 轴承钢棒材，设定水压为 1.3MPa，三段水箱全开，就可达到超快速冷却的目的；而针对 $\phi\geqslant60$mm 轴承钢棒材，水压不变的条件下，开 1 号、3 号水箱以延长二段超快速冷却之间返红时间，达到超快速冷却的目的。

（3）在超快速冷却过程中，冷却强度过大，棒材表面最低温度达到马氏体转变温度，则棒材表面产生混晶组织并有裂纹生成。

（4）对不同断面轴承钢棒材进行超快速冷却后，由于棒材表面冷却速度相对较快，因此表面部分珠光体球体直径和片层间距均小于内部组织，表面部分显微硬度相对于心部略有减小。由于棒材整个断面冷却速度均较大，因此在其室温显微组织中，沿晶内-晶界-晶内方向 C、Cr 元素 含量没有太大变化，不存在合金元素向晶界处聚集现象 。

参考文献

[1] 张鸿云．高碳铬轴承钢标准述评[J]．冶金标准化与质量，2000(38)：38～40.
[2] Joseph J C Hoo. Creative use of bearing steel [J]. ASTM Publication Code Number 04-01 1950-02，1993：237～344.
[3] 钟顺思，王昌生．轴承钢[M]．北京：冶金工业出版社，2000：8.
[4] Monnot，J.，Heritier，B.，and Cogne，J. Y. Relationship of Melting Practice，Inclusion Type，and Size with Fatigue Resistance of Bearing Steels[J]. Effect of Steel Manufacturing Processes on the Quality of Bearing Steel. 1998，149-1.
[5] Akesson J，Lund D. Ball Bearing Journal[M]. Ball Bearing Co，1983.
[6] Harris T A. Rolling bearing analysis[M]. John Wiley & Sons，Inc，1991：28.
[7] 付云峰，等．国内轴承钢的生产现状与发展[J]．特殊钢，2002，23(6)：30.
[8] 刘永长，等．轴承钢产品市场概况分析[J]．辽宁特殊钢，2003(1).
[9] Stephensvn E T. Effect of recyling on residuals，processing，and properties of carbon and low-alloy steels[J]. Metall. Trans，1983，14A(3)：343.
[10] Lund T，Akesson J. Oxygen content，oxidic micro-inclusion and fatigue properties of rolling bearing steel[J]. effect of steel manufacturing processes on the quality of bearing steelASTM STP，1998：308～330.
[11] 冶金部特殊钢信息网．国外特殊钢生产技术[M]．北京：冶金工业出版社，1996.
[12] Toshikazu UESUGI. Recent development of bearing steel in Japan transactions of the iron and steel[J]. Institute of Japan，1988(11)：893～899.
[13] Toshikazu UESUGI. Production of high-carbon chromium steel in vertical type continuous caster [J]. Transactions of the Iron and Steel Institute of Japan，1986(7)：614～620.
[14] [日]瀬户浩蔵．軸承鋼の炭化物と球状化熱処理[J]．山陽特殊製鋼技報，1996(3)：64.
[15] Kenji Doi. Production of Super Clean Bearing Quality Steel by BOF-CC Process[A]. Steelmaking Conference Proceedings[C]. Pittsburgh，1987：70～77.
[16] Cogne J Y. Cleaning and fatigue life of bearing steels[C]. proceedings of the third international conference on cleansteel，Hungary，1986：26～31.
[17] Lund T. Cleaning requirements on rolling bearing steels[C]. Proceedings of the third international conference on cleansteel，Hungary，1986：209～213.
[18] [苏]A. Г. 斯别克托尔，等．轴承钢的组织性能[M]．上海：上海科学技术文献出版社，1983.

[19] 王健英．瑞典特殊钢工艺和技术[J]．特殊钢，1997，3(18):43~49.

[20] [日]平冈和彦，最新轴承钢发展动向[J]．陈洪真，译．特殊钢，1998(2):36~43.

[21] 虞明全．连铸技术在五钢轴承钢上的应用与开发[J]．上海钢研，2005，3：3~11.

[22] 耿克，由梅．UHP EAF-LF-VD 低氧轴承钢生产工艺的改进[J]．特殊钢，2001，1：18~21.

[23] 曹立国，李士琦，陈泽．石钢 GCr15 轴承钢实践[J]．钢铁，2008，6：38~41.

[24] 王治政，等．2002 年全国炼钢、连铸生产技术会议论文集[C]．中国金属学会，2002，6：148~158.

[25] 王治政，等．2003 年中国钢铁年会论文集[C]．北京：冶金工业出版社，2003.

[26] Liu Yue，Wu Wei. Control of oxygen content in bearing steel GCr15 steel making by 100t converter LF(VD)process[J]. Special Steel，2005(26):47.

[27] 魏果能，许达，俞峰．连铸和模铸轴承钢冶金质量及接触疲劳寿命[J]．特殊钢，2000，21 (5)：43.

[28] 虞明全．第二届先进钢铁结构材料国际会议论文集[C]．北京：冶金工业出版社，2004.

[29] 钟传珍，姚玉东，孙启斌，等．连铸轴承钢质量的研究[J]．理化检验（物理分册），2005，11.

[30] 殷瑞钰．钢的质量现代进展，下篇，特殊钢[M]．北京：冶金工业出版社，1995：183~238.

[31] 梁皖伦，等．GCr15 轴承钢的热变形模拟试验研究[J]．理化检验（物理分册），2002，1 (38):4~6.

[32] 拉乌金．铬钢热处理[M]．北京：科学出版社，1955：51.

[33] 孙大林，刘景荣．高温变形对 GCr15 钢中二次碳化物析出的影响[J]．钢铁，1994(9)：48~51.

[34] 李明．控制轧制对高碳钢珠光体相变温度的影响[J]．东北工学院学报，1991(12)：41~47.

[35] 刘景荣．奥氏体形变对 GCr15 钢珠光体片层间距的影响[J]．东北工学院学报，1991 (12):282~285.

[36] 魏运亨．铬轴承钢控冷与快速球化退火工艺的最优化[J]．特殊钢，1992(1):4~8.

[37] Zhang Jingguo，Shi Haisheng. Research in spray forming technology and its applications in metallurgy[J]. Materials Processing Technology，2003(138):357~360.

[38] Dulos F，Cantou B. Rapidly quenched metal Ⅲ[M]. London：Metals Society，1978：110~118.

[39] 付立元，等．轧制工艺及冷却速度对 GCr15 轴承钢网状碳化物的影响[J]．北京钢铁学

院资料，1983：25～29.
[40] 孙有社，赵长伟，等. GCr15钢棒材浸水快冷模拟轧后快冷工艺研究[J]. 材料开发与应用，2002，17(4):24～28.
[41] 李胜利，徐建忠，王国栋，等. 大断面轴承钢控轧控冷工艺的模拟与分析[J]. 东北大学学报（自然科学版），2006，6(27):658～661.
[42] 王广山，李胜利，徐博. 轴承钢水冷的实验模拟研究[J]. 鞍山科技大学学报，2006，2(29):65～67.
[43] 李胜利，王国栋. 大断面轴承钢控轧控冷节能工艺研究[J]. 冶金能源，2005，24(5):59～61.
[44] Pietrzyk M, Hodgson P D. Modeling hermomechanical and microstructural evolution during rolling of a Nb HSLA steel[J]. ISIJ International, 1995, 35(5):531～541.
[45] 王占学. 控制轧制与控制冷却[M]. 北京：冶金工业出版社，1988：178～180.
[46] 胡赓祥. 材料科学基础[M]. 上海：上海交通大学出版社，2001：7～12.
[47] Dyja H, Korczak P. The thermal-mechanical and micro-structural model for the FEM simulation of hot plate rolling[J]. Journal of Materials Processing Technology, 1999, 93: 463～467.
[48] Kato Yoshiyuki, Tsutomu Masuda. Recent bearing improvements in steel cleanliness in high carbon chromium[J]. ISIJ International, 1996, 36(5):589～592.
[49] 孙慎宏，李慧莉. GCr15轧后控冷碳化物网状问题浅析[J]. 特钢技术，2004(3)：16～18.
[50] 张务林. 轴承钢棒线材生产技术的研究与应用[J]. 特钢技术，1997，3：2～6.
[51] 李连江. 石钢GCr15轴承钢控制轧制和控制冷却生产实践[J]. 河北冶金，2006(155)：47～49.
[52] 胡福臻. 高碳铬轴承钢棒材轧后温度控制与球化关系[J]. 一重技术，2006(2):16～19.
[53] 曹太平，袁琳，郝晓华. 太钢发展轴承钢生产有关设想[J]. 山西冶金，1999，3：5～8.
[54] 王东兴. GCr15轴承钢的控轧控冷工艺[J]. 特殊钢，2004(25):48～49.
[55] 庄振东. 高碳铬轴承钢棒材轧后控制冷却与快速球化工艺[J]. 特殊钢，2000(1):54～56.
[56] 刘剑恒. 轴承钢GCr15棒材产品低温精轧的研究[J]. 钢铁，2005(40):49～52.
[57] 吴成军，蔡英. 辊底式连续退火炉GCr15轴承钢球化工艺的改进[J]. 特殊钢，2004(25):53～54.
[58] Mishra, Darmann. Texture in deep-drawing steels[J]. International Metals Reviews, 1982(27):6.
[59] Zhou Deguang. Inclusions in electro slag remelting and continuous casting bearing steels [J].

Journal of University of Science and Technology Beijing, 2002(22):26~30.

[60] 刘相华, 王国栋, 杜林秀, 等. 普碳钢产品升级换代的现状与发展前景[C]//中国金属学会轧钢学会, 中国金属学会第7届年会论文集. 北京: 冶金工业出版社, 2002: 415~420.

[61] 彭良贵, 刘相华, 王国栋. 超快速冷却技术的发展[J]. 轧钢, 2004(21):1~3.

[62] 彭良贵, 刘相华, 王国栋. 超快冷却条件下温度场数值模拟[J]. 东北大学学报（自然科学版）, 2004, 25(4): 360~362.

[63] Simon P, Fischbach J P, Riche P H. Ultra-fast cooling on the rurrout table of the hot strip mill [J]. La Revue de Metallurgic, Cahiers Informations Techniques, 1996, 93(3):409~415.

[64] Simon P, Riche P H. Ultra-fast cooling in the hot strip mill[J]. Verein Deutscher Eisenhuttenleute, 1994(3):179~183.

[65] Leeuwe Y V, Onink M, Sietsm J. The grammar-alpha transformation kinetics of low carbon steel under ultra-fast cooling conditions[J]. ISIJ International, 2001, 41(9):1037~1046.

[66] Houyoux C, Herman J C, Simon P, et al. Metallurgical aspects of ultra fast cooling on a hot strip mill[J]. La Revue de Metallurgic, Cahiers Informations Techniques, 1997(97):58~59.

[67] Buzzichelli G, Anelli E. Present status and perspectives of European research in the field of advanced structural steels[J]. ISIJ, 2002, 42(12):1355~1356.

[68] 王国栋. 以超快速冷却为核心的新一代TMCP技术[J]. 上海金属, 2008(2):1~5.

[69] Lucas A, Simon P, Bourdon G. Metallurgical aspects of ultra fast cooling in front of the down-coiler[J],Steel Research lnt., 2004, 75: 139~146.

[70] Hiroshi Kagechika. Production and technology of lron and steel in Japan during 2005[J]. ISIJ International, 2006, 46(7):939~958.

[71] 刘彦春, 刘相华, 王国栋, 等. 一种用于热轧带钢生产线的冷却装置: 中国, 200620088933.1[P]. 2006-01-13.

[72] 刘彦春, 董瑞峰, 闫波, 等. 应用超快冷工艺开发540MPa级C-2Mn双相钢试验[J]. 轧钢, 2007, 24(2):6.

[73] 王国栋, 刘相华, 孙立钢, 等. 包钢CSP“超快冷”系统及590MPa级C-Mn低成本热轧双相钢开发[J]. 钢铁, 2008: 49~52.

[74] 董瑞峰. 汽车结构用590MPa级热轧双相钢的开发[J]. 轧钢, 2008, 2: 9~12.

[75] 李曼云. 轴承钢棒材轧后的控制冷却[J]. 北京钢铁学院学报, 1988(7):22~25.

[76] Sikdar S, Mukhopadhyay A. Numerical determination of heat transfer coefficient for boiling phenomenon at runout table of hot strip mill [J]. Ironmaking and Steelmaking: 2004, 31(6):495~502.

[77] 李功样．H 型钢冷却过程的数值分析[J]．金属成形工艺，1998，16(3)：19～21.

[78] 冷浩．圆形液体射流冲击换热特性研究[D]．西安：西安交通大学：2002.

[79] 徐旭东，吴迪．改善 H 型钢断面性能均匀性的研究[J]．塑性工程学报，2003，10(5)：82～85.

[80] 赵宪明，吴迪，王国栋，等．一种线材和棒材热轧生产线用超快速冷却装置：中国，200510046822.4[P]. 2006-01-11.

[81] 邢静忠．ANSYS7.0 分析实例与工程应用[M]．北京：机械工业出版社，2004：225～227.

[82] Cota A B，Brbosa R，Santos D B. Simulation of the controlled rolling and cooling of a bainitic steel using torsion testing[J]. Materials Processing Technology，2000(100)：156～162.

[83] 林惠国，傅代直．钢的奥氏体转变曲线[M]．北京：机械工业出版社，1988：256～264.

[84] 张世中．钢的过冷奥氏体转变曲线图集[M]．北京：冶金工业出版社，1993：13.

[85] Orowan E. Symposium on internal stress in metal and alloy[M]. London：Nature Publishing Group，1948：451.

[86] Shiga C. Proceedings of the conference of technology and application of HSLA steels[M]. Philadelphia：ASM，Metal Park，1983：643～654.

[87] 孟庆昌．透射电子显微学[M]．哈尔滨：哈尔滨工业大学出版社，1998：12～20.

[88] R. W. K. 霍尼库姆．钢的显微组织和性能[M]．北京：冶金工业出版社，1985：232～238.

[89] 濑户浩藏．轴承钢-20 世纪诞生并飞速发展的轴承钢[M]．陈洪真，译．北京：冶金工业出版社，2003：31～40.

[90] 李炯辉．金属材料金相图谱，上册[M]．北京：机械工业出版社，2006：661～663.

[91] Bufalini P. Proceedings of the accelerated cooling of steels[M]. Pittsburgh：The TMS of AIME，1985：387～400.

[92] Comini G. Finite element solution of non-linear heat conduction problems with special reference to phase change[J]. J. Num. Methods Eng.，1998，97(1)：613～624.

[93] 吴迪，赵宪明．棒线材连轧机低温轧制规程研究[J]．钢铁，2001(36)：48～51.

[94] Li Zongchang，Li chengji. Influence of RE and Nb on the CCT Diagram of 10SiMn Steels[C]. Beijing：HSLA Steels 90，1990：116.

[95] Liu Zongchang，Gao Zhangyong. Mechanism of softening annealing of rolled or forged tool steels[J]. Journal of Iron and Steel Research，2003，10(1)：40～44.

[96] 王泾文．高温形变对奥氏体珠光体转变的影响[J]．热加工工艺，1999 (5)：24～26.

[97] Ohmori Y. The isothermal transformation of plain carbon austenite trans[J]. ISIJ，1971(11)：

1161 ~ 1164.

[98] Ohmori Y. Crystallography of Pearlite Trans[J]. ISIJ, 1972(12): 128 ~ 136.

[99] 大森靖也. 铁钢の炭室化物の相界面析出[J]. 日本金属学会会报: 1976(15):93 ~ 100.

[100] Hackney S A, Shiflet G J. The pearlite-austenite growth interface in Fe-0. 8C-1. 2Mn alloy [J]. Acta Metall., 1987, 35: 1007 ~ 1019.

[101] 刘宗昌, 任慧平, 宋义全. 金属固态相变教程[M]. 北京: 冶金工业出版社, 2003.

[102] Amano K. Proceeding of the accelerated cooling of rolled steel[M]. Winnipeg: Pergamon Press, 1987: 43 ~ 56.

[103] 刘宗昌. 珠光体转变与退火[M]. 北京: 化学工业出版社, 2007: 45 ~ 52.

[104] 戚正风. 固态金属中的扩散与相变[M]. 北京: 机械工业出版社, 1998: 133 ~ 140.

[105] 袁国, 王国栋, 刘相华. 带钢超快速冷却条件下的换热过程[J]. 钢铁研究学报, 2007, 5(19):37 ~ 40.

[106] 刘相华, 佘广夫, 焦景民, 等, 超快速冷却装置及其在新品种开发中的应用[J]. 钢铁, 2004(39):71 ~ 74.

[107] 殷瑞钰. 钢的质量现代进展, 特殊钢[M]. 北京: 冶金工业出版社, 1995: 183 ~ 189.

[108] Ai J H, Zhao T C. Effect of controlled rolling and cooling on the microstructure and mechanical properties of 60Si2MnA spring steel rod[J]. Materials Processing Technology, 2005(160): 390 ~ 395.

[109] 孙艳坤, 吴迪. 超快冷终冷温度对轴承钢棒材组织性能影响[J]. 东北大学学报, 2008: 1572 ~ 1576.

[110] 孙艳坤, 吴迪. 用超快速冷却新工艺生产 GCr15 轴承钢[J]. 钢铁研究学报, 2009, 1: 22 ~ 26.

[111] Meher R F. The austenite: pearlite reaction[J]. Progress in Metal Physics, 1956, 6: 74.

[112] [美]G. A. 罗伯茨, R. A. 卡里. 工具钢[M]. 徐进, 姜先余, 等译. 北京: 冶金工业出版社, 1987: 117 ~ 280.

[113] 崔约贤. 金属断口分析[M]. 哈尔滨: 哈尔滨工业大学出版社, 1998: 61 ~ 63.

[114] 姜锡山. 特殊钢缺陷分析与对策[M]. 北京: 化学工业出版社, 2006: 28 ~ 34.

[115] 李长生, 刘相华, 王国栋, 等. 棒线材连轧过程轧件温度场的有限元解析[J]. 塑性工程学报, 1998, 5(2):79 ~ 84.

[116] Wang Y W, Kang Y L, Yuan D H, et al. Numerial simulation of round to oval rolling process[J]. Acta Metallurgica Sicina, 2000, 13(2):428 ~ 433.

[117] 唐兴伦, 范群波, 张朝辉, 等. ANSYS 工程应用教程——热与电磁学篇[M]. 北京: 中国铁道出版社, 2002.

[118] 翁容周．传热学的有限元方法[M]．广州：暨南大学出版社，2000.

[119] Zhang Jingguo，Sun Desheng. Microstructure and continuous cooling transformation thermograms of spray formed GCr15 steel[J]. Materials Science and Engineering，2002(A326)：20 ~ 25.

[120] 蔡美良．新编工模具钢金相热处理[M]．北京：机械工业出版社，1998.

RAL · NEU 研究报告

(截至 2015 年)

No. 0001　大热输入焊接用钢组织控制技术研究与应用
No. 0002　850mm 不锈钢两级自动化控制系统研究与应用
No. 0003　1450mm 酸洗冷连轧机组自动化控制系统研究与应用
No. 0004　钢中微合金元素析出及组织性能控制
No. 0005　高品质电工钢的研究与开发
No. 0006　新一代 TMCP 技术在钢管热处理工艺与设备中的应用研究
No. 0007　真空制坯复合轧制技术与工艺
No. 0008　高强度低合金耐磨钢研制开发与工业化应用
No. 0009　热轧中厚板新一代 TMCP 技术研究与应用
No. 0010　中厚板连续热处理关键技术研究与应用
No. 0011　冷轧润滑系统设计理论及混合润滑机理研究
No. 0012　基于超快冷技术含 Nb 钢组织性能控制及应用
No. 0013　奥氏体-铁素体相变动力学研究
No. 0014　高合金材料热加工图及组织演变
No. 0015　中厚板平面形状控制模型研究与工业实践
No. 0016　轴承钢超快速冷却技术研究与开发
No. 0017　高品质电工钢薄带连铸制造理论与工艺技术研究
No. 0018　热轧双相钢先进生产工艺研究与开发
No. 0019　点焊冲击性能测试技术与设备
No. 0020　新一代 TMCP 条件下热轧钢材组织性能调控基本规律及典型应用
No. 0021　热轧板带钢新一代 TMCP 工艺与装备技术开发及应用

(2016 年待续)